和服岁时记

岁时记

〔日〕原由美子 著

吕灵芝 译

重庆大学出版社

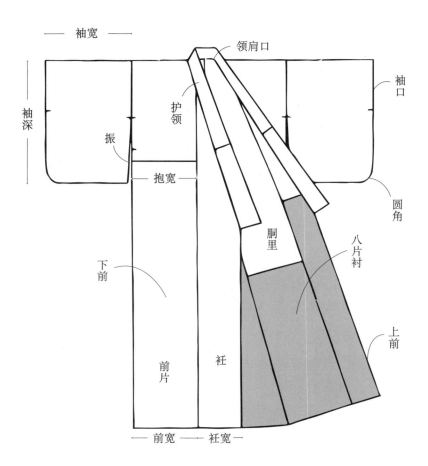

袖宽

领肩口

袖深

袖口

护领

振

圆角

抱宽

胴里

八片衬

下前

前片

上前

衽

前宽　　衽宽

　　　　仅带衬和服有八片衬

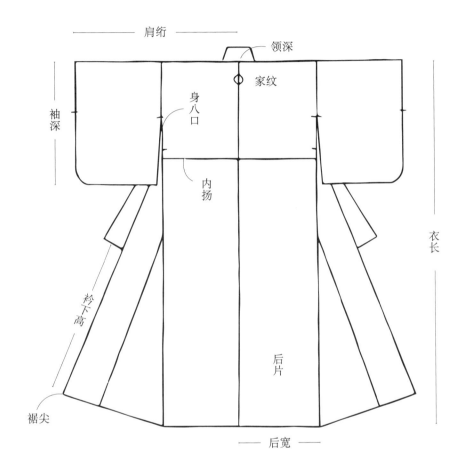

肩裄

领深

家纹

身八口

袖深

内扬

衣长

衿下高

后片

裾尖

后宽

前　言

　　不知从何时起，我就一直希望能够将有关和服的连载汇集成书。2010年《费加罗》（日本版）向我约稿时，我非常兴奋，但也感到深深的不安。

　　若是洋装，尚能通过所谓的媒体展示会和发布会来预测下一季度的流行趋势和特点，而且还有品牌提供拍摄用的样品，为了刊登在杂志上，甚至可以早于发售时间一个月以上进行拍摄。

　　但和服的情况却不一样。专栏刚开始连载时，通过与编辑会谈，我很快便决定每期推出和服与腰带的两组搭配，表现形式就采用静物摄影的方法。可仅此还远远不够。考虑到刚刚接触和服的人，我认为有必要从最基本的和服分类开始讲述。毕竟和服不像洋装那样有着各个季度的流行趋势，我更想通过书页传达的是它那种恒久不变的魅力。

　　于是，我决定从小纹开始讲起。虽说都叫小纹，其实里面还有许多种类，要把焦点集中在一处着实有些困难，如此这般，我便开始重新审视小纹这种和服。

另外，由于没有样品而需要借用真正的商品，我们不得不常常麻烦和服店、百货商场的吴服①部门和各个制造商，向他们提出各种各样的难题。尽管对自己的厚脸皮感到无可奈何，我每次还是会努力寻找合适的和服与腰带，并挑选最好的作品展示在页面上。之所以这样做，是因为我希望能让更多读者产生"和服真棒啊""好想试试和服"的想法。

挑选和服时，可以借鉴挑选洋装的方法，选择无花纹的简约风格，但我也希望大家能在不同花纹的搭配中发现和服独有的魅力。要实现这一点，最好的办法就是尽可能多看一些各个季节、各个种类的和服与腰带搭配，然后去寻觅最符合自己心意的和服与腰带。我就是抱着这样的想法，把近五年来杂志中有关和服的内容汇总起来，写成了这本书。

---

① 吴服：原是从中国传到日本的一种织布方法，后逐渐用于指代绢织物，以区别于棉、麻织物，现在则演变为和服面料的总称。

译者序

在日语中，和服本为"きもの"（Kimono），意思就是穿着在身的衣物。德川幕府末期，西方的生活习惯逐渐传入日本，为了与西方的服饰相区分，日本传统服装"Kimono"就被称为了"和服"。然而早在这一名称出现前的 16 世纪，"Kimono"便作为日本传统服饰的名称流传到西方，并一直沿用至今。如今，全球大多数语言中都以"Kimono"一词来指代和服。

和服曾经是日本唯一的服装形式，因此发展出了一套系统的穿戴规格，并一直沿用至今。现代女性和服规格最高的正装有三种，即黑留袖、色留袖与振袖。三者有一个共通之处，就是花纹印制时使用了绘羽工艺——将面料剪裁成型，并粗缝成和服样式后，再进行印染。这种工艺的特点在于图案会横跨缝线，呈现出整片完整的造型。黑留袖上共印有五个家纹，它是已婚女性的第一正装，现代通常是日式婚礼上新人母亲、伴娘、新人女性已婚亲属穿戴。色留袖在印有五个家纹时，其规格与黑留袖等同。这种和服曾经也是已婚女性的第一正装，如今越来越多的未婚女性也开始穿戴。相比留袖和服，振袖和服的袖子更长，是日本未婚女性的第一正装，通常在成人礼、婚礼及正式聚会时穿戴。

　　除第一正装外，还有访问服、付下和服、色无地这几种相当于简礼服的和服。访问服没有未婚、已婚的区别，也使用了绘羽工艺，主要由缩缅、纶子、朱子等面料制成，一般可在婚礼（非新人亲属）、茶会、聚会等场合穿戴。付下和服与访问服乍一看有点相似，两者最主要的区别在于付下和服没有使用绘羽工艺，而是先在布匹上进行印染，再剪裁、缝制。这种和服在现代应用范围较广，既可作为与访问服规格几乎相同的礼服使用，也可在一些休闲场合穿戴。色无地指的是纯色和服，在背后位置印上家纹，便可作为正装穿戴出席婚礼等正式场合；若不印家纹，则是普通的外出装束。另有一种与色无地相似、使用场合较为特殊的和服是黑丧服，和服与腰带皆为黑色，印有五个家纹，只在葬礼上穿戴。

　　非正装的和服有小纹、绸①、纯棉以及夏日和服、浴衣等种类。小纹中较为特殊的是带有鲛、行仪、角通这三种花纹的江户小纹，可以作为正装穿戴；一般小纹则适合彩排练习或日常外出时穿戴。绸和服的面料印染方法比较特殊，是在绷好的经线上进行印染，再织成布匹，具有代表性的绸和服面料有大岛绸、结城绸、红花绸等。这种和服适合同学会、婚礼的二次会、观剧、友人聚会等多种场合。纯棉和服是最有代表性的日常和服，除夏季外都可穿戴，其特点是方便打理，可在家清洗。夏季穿的和服没有内衬，称为单衣和服，以透气吸湿的凉爽材质为主。穿单衣和服时，打底的长襦袢会换成轻薄的罗、纱等面料。浴衣是全年最炎热时穿

---

① 绸：日文为"紬"，是一种平纹丝织品。汉语中"紬"古同"绸"，本书统一译为"绸"。

的一种特殊和服，穿这种和服时可以不用长襦袢打底，通常在参加烟花大会等夏日庆典时穿戴。

和服的一个非常重要的配件，就是腰带。腰带与和服一样有规格之分，具体有丸带、袋带、京袋带、九寸名古屋带、八寸名古屋带、半幅带等。

丸带规格最高，由同一种面料对折缝制而成，中间加入带芯，面料使用锦织、缎子等织物，是江户中期为配合越来越大的发型而产生的一种腰带。由于太重，这种腰带在昭和初期逐渐被袋带取代，目前只有艺伎、舞伎和新娘装束使用。

袋带由表、里两层不同面料缝制而成，里布无花纹，较为轻便。金银线装饰较多的袋带主要用来搭配留袖、振袖、访问服等和服，比一般腰带长，主要是为了系成双重太鼓结。金银线装饰较少的袋带可搭配付下、色无地、绸、小纹等和服，作为日常装束。

京袋带的制作方法与袋带相同，但较短，只能用来系一重太鼓结。有金银线装饰、纹样规格较高的京袋带能用在正式礼服上，其规格总体来说介于袋带与名古屋带之间。

九寸名古屋带比袋带短，用来系一重太鼓结。这种腰带的表布和里布是织在一起的，缝制前的宽度为鲸尺（约 37.88 厘米）九寸，故称九寸名古屋带。其中规格最高的是搭配丧服用的名古屋带，以一重太鼓结寓意"不幸"之事不会结伴而来。除此之外，金银线装饰较多、花纹规格高的织带可以搭配简礼服，染带则作为日常使用。

八寸名古屋带又称袋名古屋带，从其名称可知它兼具袋带和名古屋袋的优点。这种腰带幅宽鲸尺八寸二分，使用厚实的织物，不加带芯，在构成太鼓的部位不进行缝合，这样在系上后会有双重太鼓结的感觉。金银线装饰的缀织八寸带能用来搭配访问服和色无地等简礼服，绸和博多织面料的八寸带则用来搭配绸和服、小纹和服等日常和服。

半幅带，顾名思义，幅宽只有袋带的一半，因为系法多样，所以是日常和服最常搭配的腰带。也有一些半幅带使用了与礼服袋带相同的面料，可以用来搭配外出和服。

由此可见，和服的规格通常由面料、花纹、纹章数量决定，在此基础上，通过搭配不同材质与长度的腰带，又能进一步改变和服的性格，以对应更多规格不同的场合。本文只做了简单介绍，希望能给各位读者提供参考。

目 录

本书由《费加罗》（日本版）2010 年 6 月号到 2015 年 8 月号连载内容重新编辑而成。

睦月

曾经，我在正月的一大乐趣就是在家穿着和服过年。记得当时还在上小学，我让妈妈给我穿上了排练日本舞用的红底绣球花铭仙和服①，还找来一条质地很不错的腰带，请她给我系了文库结。

过年吃的早饭跟平时不一样，是装在精美漆盒里的年饭，这也是我期待不已的乐趣之一。经特别批准才能喝上一口的屠苏酒，以及身上穿着的和服，让我更加鲜明地体会到了正月的特殊感。后来升上初中、高中，我变得更喜欢和到我家做客的朋友打羽毛球，因此有段时间疏远了和服。

对和服重燃热情，是我进入大学之后的事情。那年我到叶山的朋友家做客，顺便去神社初诣②，当时就非常想穿和服。而且我想穿的还不是自己的友禅染，而是母亲以前穿的深蓝底色红型③小纹和服。虽然母亲说"这件和服对你来说太朴素了"，但我还是千方百计地说服她替我穿上了。为平衡和服本身的朴素感，我选择了母亲年轻时宇野千代女士送给她的白底红牡丹刺绣的华丽

---

① 铭仙和服：日本大正与昭和时期极为盛行的一种和服。其面料采用曾经被当作废料的脏蚕茧，染上鲜艳的图案遮盖瑕疵部分，虽是真丝，却价格低廉，甫一问世便迅速风靡全日本，成为平民阶层普遍穿戴的和服。
② 初诣：新年第一次到神社参拜，祈祷一年平安。
③ 红型：是琉球（现日本冲绳）传统的染色技法，使用版面模子及其他方法制作。通常色泽鲜艳，且一般描绘有鱼、水、花等自然主题的图案。

腰带，然后一个人乘坐江之岛线，再换乘横须贺线前往叶山。一路上，我为自己又向成熟女性靠近了一些而暗自欣喜。

那自然是一段美好的回忆，后来有很长一段时间，我都一心向往着母亲穿过的、偏向朴素风格的和服。但也因此产生了一个遗憾，便是我从未穿过只有那个年龄才适合的华美的小纹。现在看到年轻女孩穿朴素的和服，我也会因为自身的经历而感同身受，但还是会想，如果可以的话，真希望她们能穿上只有青春年少时才能穿的小纹和服。

选择洋装时，以红色为代表的鲜艳色彩其实更适合比较年长的人，但剪裁手法相同且质地同样是丝绸的和服却不适用这个原则。

要穿朴素而内敛的和服，无论年龄多大都没问题。如果想穿着和服来迎接新年，我认为应该尝试更为华丽的花纹。

正月

正月头三天和十五前后，到神社初诣时映入眼帘的尽是华美的振袖和服。一想到那些姑娘今年就成年了，我就会不由自主地看得入了迷。不过我们也经常听说有人好不容易拥有了一件振袖和服，却只在成人礼那天穿过一次，然后就永远压在了箱底。其实，可以选择花纹较大且华丽的小纹和服来代替振袖。如今的年轻人似乎倾向于穿朴素的和服，但务必要挑战一下与自身年龄相符合的颜色和花纹。这样的小纹和服正是年轻人才适合穿的和服。如果有人想在正月前入手一件和服，我会极力推荐这样的小纹和服。

左 庆长花小纹 + 花菱京袋带

京友禅[①]独特的庆长花以江户时代庆长年间的写实纹样与几何图案组合为特色，有着独特的华美。庆长花小纹虽然被归类为小纹，却散发着华丽奔放的气息，也可视为与访问服同等规格的装束。用它来代替访问服时，可搭配花纹富有格调的京袋带。庆长花色调较为内敛，比腰带的适用年龄更广，这也是其魅力之一。

右 小纹 + 霞纹袋带

与单色小花纹的小纹不同，这种大花纹且多色的小纹是年轻人一定要尝试的款式之一。系上富有格调的袋带后，就能穿出不逊于访问服的品位与华美，因此，这是最适合年轻人的喜庆装束。在参加西式派对时，它甚至能穿出胜于访问服的气场。若把腰带换成素色感的名古屋带，就是简单自在的外出服了。

---

① 京友禅：京都传统染制工艺的代表之一，成品图案绚烂，常用于高级和服及各种饰物。

访问服

喜迎新春，温婉而优雅的访问服。

　　在正月的喜庆气氛中，最适合穿集奔放与华美于一身的访问服，然而人们（特别是新手）在挑选和服时，会因为自己不打算拥有很多套和服，而更倾向于选择适合各种场合，怎么穿都不会出错的款式。就算穿和服的目的不是引人瞩目或希望得到别人夸奖，但别人的赞赏还是能激发一个人的自信，使人决心要进一步钻研和服。只要配上用心选择的小物件，和服的华美可以不输任何礼服，还能让人感受到自身的品位和气质。这是属于和服的特权，也是它独有的魅力。

ⓕ **花远山金线织访问服 + 松菱间散花菱袋带**

　　用刷染鹿斑纹表现出的远山图案配色温婉，稳重中透着年少清纯的华美气质。搭配的腰带是稳重而富有风情的袋带，明黄色的带缔与远山的色彩相呼应，巧妙地凸显出新春的气氛。穿上身后，底纹的光泽能够提亮肤色。穿这件纶子①三君子白底访问服时，务必要比往常更注意半衿②和足袋的整洁。

---

① 纶子：一种经线、纬线都使用无捻纱，通过各种方法织出底纹的丝绸面料。
② 半衿：也叫衬领。缝在长襦袢上，主要功能是防污。面料选用绉织物、盐濑纺绸等。

长襦袢

挑选长襦袢是和服的乐趣所在。

图 1

三叶草花纹能给绸和服或小纹和服增添一分内敛的华丽。

图 2

红底梅花纹是大家都想尝试的典型襦袢花纹，能够为低调的绸和服增添一种令人兴奋的气氛。

图 3

以绞染鹿斑为代表的不留白的绞染是一种典型的襦袢花纹。

图 4

底纹的美丽光泽搭配较大的绞染花纹，会让人眼前一亮。

图 1

图 2

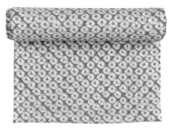

图 3

图 4

宝尽

属于宝尽纹之一的七宝，如字面意思，包含金、银、青金石等。此外，宝尽纹中还有晃一晃就能实现愿望的神奇小锤，象征财富的巾着袋，描绘成细长三角纹样的植物，等等。这种植物名叫丁子，就是现代人所说的丁香，它在平安初期被视为贵重物品，象征着健康和长寿。古人的美学观念造就了这些富有魅力的纹样，自然会让人想把它们穿在身上。将这种最经典的吉祥纹样做到袋带上，可以用来搭配留袖或访问服，尽情体会传统之美；若做成花纹细腻的江户小纹，一年四季均可穿戴，还能通过搭配不同的腰带来迎合各种场面。

左 宝尽纹京友禅小纹 + 狂言丸纹袋带

藏蓝底色搭配较大的宝尽纹，襄笠用大片流动的鹿斑纹描绘出来，成就了一件分外华美的小纹。因为花纹大而且寓意吉祥，只要系上袋带，便能组成一套规格接近访问服的装束。即使穿去参加朋友的结婚仪式，也能凭借其低调的华丽给人留下深刻的印象。

右 龟甲底纹的小纹 + 宝尽染带

龟甲底纹中用金线精巧地描绘出四季植物的素色感小纹，适合一年四季略正式的场合穿，搭配宝尽纹染带能突显正月的欢庆气氛。若将这条染带系在偏白的绸和服与色调内敛的江户小纹上，又成了稳重而风雅的装束。

付下

介于访问服与小纹之间，适合外出的付下和服。

访问服的定位仅次于作为礼服的振袖和留袖。访问服的前片、前肩和后肩，以及衣袖等位置都有花纹，衿部也搭配了花纹，属于一种"绘羽"和服，穿上后整个人仿佛成了一幅完整的画作。与之相比，花纹配置稍简略的和服便是付下和服。付下和服的级别虽然不及绘羽的访问服，但还是比普通的小纹要高上一等。它虽然较为低调，穿上后却会让人产生一种庄重感，会时刻注意端正仪容。系上金银线交织的袋带，就能体验总纹①和服不同于访问服的特有的华美感觉，这可谓付下和服的魅力所在。略显清爽的付下和服远观十分养眼，可以自由搭配款式不同的腰带。

ᴸ 信笺纹付下 + 积雪南天染带

信笺纹本身较为活泼，但是因为大小适中，花纹分布合理，配合底色的华美，也能让人感受到高雅的品位。搭配体现季节特色的积雪南天腰带，适合作为初春稍微正式一些的外出服，也可以搭配淡色调的织带营造温婉气质，还能在赏花的季节搭配绚丽的花朵纹样染带，总之具有多种穿搭的可能性。

ᴿ 御所解花纹的付下小纹 + 鳞纹织名古屋带

作为优雅而富有品位的典型古典花纹，御所解花纹一直为人们所钟爱，也是非常适合付下小纹的花纹之一。黑底色凸显花纹，令穿者站姿华丽优雅，最适合正月穿戴。系上低调内敛、有除厄寓意的鳞纹名古屋带，能进一步烘托新春氛围。换成嵌金箔的袋带，甚至能在规格极高的场合穿戴。

---

① 总纹：是指利用印花版进行面料的整体印制，版面不断重复的花纹。

京好

美艳的色彩与纹样，京都特有的雍容。

常有人说江户好风雅，京都好雍容。江户好和服倾向于用低调内敛的色彩搭配利落的花纹，穿出风雅韵味。而京好和服则在华美的色彩上添加古典纹样，体现出雍容气质。京好和服温柔而艳丽，希望大家不要过快地就认定它不适合自己，而要多看看，多尝试。穿和服时，有的人会沿用洋装的审美，希望穿出低调而摩登的清爽感觉。也有人认为，既然穿上了和服，自然要去体会和服特有的色彩搭配之趣。这种情况下，京好和服那种恬静的优雅和华美的品位就显得魅力十足了。

左 御所花纹付下小纹 + 霰纹底和书图案腰带

御所花纹可以说是富有京都特色的华美纹样中的典型。以挑选洋装的视角来考虑，可能会嫌它色彩过多，过于夸张，但放到和服上却会有种不可思议的安定感和协调感。古典纹样的腰带和色彩柔和的小物成就了品位高雅的京都风格外出服，最适合正月和初春的欢快气氛。

右 彩水玉小纹 + 竹与小花染带

巧妙运用华美而不失恬静的朱色，也是京都风格的特色之一。纶子三君子的紫底色搭配散鹿斑水玉小纹，乍一看很朴素，但只要系上朱底色的古代缩缅搭配古典花纹的染带，就成了一套雍容的京都特色装束。可以搭配红色小物，起到点睛作用。

如月

进入二月，有种终于过完正月，是时候重新振作的感觉。尽管每个人的生活方式不同，但二月对所有年龄段的人来说，都是个特殊的时期，这或许来自总算平安度过正月的安心感吧。

每到这个时候，人们就会穿上与盛装略显不同的、温柔贴心的和服。因为离春天还很远，所以被称作寒茶花的茶花小纹和积雪竹叶意境的染带可能最适合二月的氛围。

同时，这个时节也会让人想穿上与正月的华美装束截然相反的、更为低调的绸和服。在御寒外套下悄悄换上扎染色织或格子的朴素绸和服，搭配充满个性的腰带，是只有在这个季节才能体验的乐趣。

此外，似乎有很多人会在正月前后开启和服生活，并开始寻觅第一件心仪的绸和服。我的第一件绸和服是胭脂底色与白色麻叶花纹的上田绸。我记得那件和服穿起来暖和极了，比染和服更为轻松自如，我很是喜欢。我最喜欢的搭配是蓝底缩缅面料配上古典贝桶纹的染带，因为我想把绸和服穿出一点雍容的感觉。然而相比我那时的年纪，大岛绸和结城绸还是更适合稍微年长的人的装束。

　　不过到了最近，情况已跟以前不太一样了。大岛和结城已经不像从前那样被视作特殊的和服，其种类变得更为丰富，选择范围也更广了。普通的大岛绸有着平织特有的光泽和手感，甚至适合作为单衣穿戴，因此人们通常认为春末和初秋是最适合穿这种和服的季节。然而到了雨雪较强的时候，大岛绸不容易起皱的特性又突显出来，光滑的面料穿在大衣和羽织里面能够活动自如，更增添了一分舒适。如此说来，大岛绸应该是在任何季节、任何年龄都可以体会其魅力的和服。那么，无须考虑过多，勇敢地把大岛绸作为自己的第一件绸和服或许也是个不错的选择。顺便一提，我头一次穿上泥染市松纹的大岛绸，是在四十出头的时候。可以肯定的是，我当时便体会到了它的好处，并后悔为何没有早点尝试这种和服。

大岛绸

所有人都想尝试的绸和服当数大岛绸。初次尝试可以选择比较简约的花纹和素色感的款式，通过搭配不同的腰带，适用各种场合。在清楚自己与大岛绸的最合拍之处后，再去入手龙乡纹和蓝染麻叶之类的传统大岛绸，这样会更容易产生长久珍惜它的想法。此外，它还可以作为单衣穿戴，而白大岛的曼妙光泽更是令它的穿搭有了无数的可能性。

左 细格子大岛绸 + 古董织物面料的名古屋带

面料乍一看像纯色，上面细致的花纹给和服增添了一丝韵味，大岛特有的光泽让整件和服显得十分华美。腰带面料是 19 世纪初印度尼西亚产的古董织物，充满异国风情的金线织格纹和花纹显得十分华美，所以适合参加派对时穿戴。还可换上古典纹染带或更纱染带去参加气氛轻松的聚会，或在旅途中的餐厅度过休闲一刻。

右 水玉大岛绸 + 金泽艺术家四井健氏创作的染带

与一般大岛绸的花纹略显不同，这件大岛绸散落着双色水玉纹，显得摩登而干练，其特有的深底色能把身段衬托得纤细修长。仅搭配淡奶油底色和摩登花唐草纹的腰带，就能营造出华美的印象。还可以搭配绿色和蓝色等底色稍显张扬的织带，组合成一套成熟风雅的外出服。

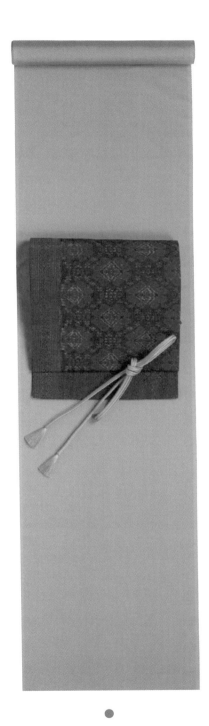

格子

自由组合的乐趣，最让人有亲近感的格子纹。

纯棉面料的格纹和服属于日常穿戴用的和服，但绸是真丝织物，这就使得格子绸和服显出庄重而决不刻意的味道。除外出办事时穿的染和服外，再备一套这样的和服，或许就能让人产生轻松穿戴和服的意愿，成为享受和服生活乐趣的契机。最容易让人产生亲近感的花纹便是格子纹。虽然间道织的腰带有时会很昂贵，但非常值得自己凭感觉去尝试，寻觅称心的搭配，因为格子纹是最适合自由搭配并展现个人喜好的花纹。

左 格子绸 + 八寸名古屋带

红色点缀的蓝底格子纹绸和服最适合在无须过分庄重或轻松休闲的时候穿戴，可以搭配迎合四季的花纹染带穿出温婉效果，也可以用花纹时髦的织带营造出市井的欢快气氛。内敛的金银织线能够低调地衬托出外出的愉悦心情。

右 格子绸 + 手织吉野间道名古屋带

看似不搭的细碎格子和扎染色织相拼的和服与吉野间道（格子）腰带组成一套。同样是格子纹，只要大小、色彩和面料感呈现出较大差别，还是能配成一套温婉的装束，同时带出节奏感。将带衬做成较为典雅的样式，显得庄重的同时又能增添温婉气质。

山茶花纹

提到山茶花，很多人都以为它是日本才有的东西，然而卡梅利亚①是香奈儿的标志之一，小仲马的《茶花女》也是非常著名的小说。这种花纹即使以古典的表现形式出现在和服与腰带上，也会给人一种摩登而华丽的感觉。若要穿山茶花纹的和服，最好选择不那么注重着装规格的场合。若是注重季节的人，则只在冬季穿。若想完全迎合自己的气质，穿出招牌形象，那就无须考虑季节。此外，若是穿带有抽象纹样或设计感较强的山茶花纹的和服也无须考虑季节，可以放心大胆地去尝试，营造出山茶花般的女子那种自我风格。

ⓛ 京染小纹 + 盐濑染名古屋带

茶色配黑色细缟纹，其上用红、绿和金彩染上远州山茶，这样的小纹风雅迷人，能够比腰带穿得更为长久。染带前片是白底配大朵山茶花，还染有半幅大小的山茶小枝，方便缠系，又有种闲适的华美感。这条腰带也适合系在绸和服上，以此体会季节感带来的乐趣。

ⓡ 浜缩缅京染小纹 + 七宝连刺绣染名古屋带

在蓝底面料上大胆搭配山茶花的小纹，线条写实而色调抽象，因此搭配较为柔和的中间色腰带，就可以在春季和秋季穿。这里搭配的是绸质地的染带，但花纹是七宝纹的有职纹样②，部分还带有刺绣，显得格调高雅，却没有袋带那般庄重。手头有这么一条染带，可以轻松提升自身的气质。

---

① 卡梅利亚：即山茶花。
② 有职纹样：指日本平安时代以后，贵族阶级普遍应用在衣物、器具及建筑上的花纹。这些花纹从中国隋唐时期借鉴而来，融入了日本文化，成为日本纹样的基调。

羽织

分外有趣的花纹搭配，
让和服更华美的羽织。

虽然羽织好像很难穿，但应该有很多人想尝试。或许有人会担心它会令穿搭变得更为复杂，但我认为，先不必去一味思考花纹，而是试着想象自己想穿的羽织是什么样子的。本来，羽织和袴裤都是男性的礼服装束。对女性而言，羽织并不算是礼服，只是休闲穿着而已。不过现在也可以把它当成单层长夹克披在身上外出，若天气实在寒冷，还可以加一块大披肩，就能完全代替大衣了。

🄛 黑底圆雀小纹 + 复刻柴田是真花车纹盐濑染带 + 小纹羽织

要将两件染小纹搭配起来非常困难，但这种清晰花纹与柔和花纹的明暗搭配却能轻易做到这一点。黑色和服搭配淡色羽织显得气质高雅，反过来用淡色和服搭配黑色羽织则能突显风流韵味，只要搭配得当，就能给人留下很深的印象。

🄡 松竹梅小纹 + 宝尽纹盐濑染带 + 小纹羽织

选择亮度相近的颜色和不过分夸张的花纹，就能组合成一套华美的羽织装扮。前方露出一点染带的浓厚底色能够起到收束视觉的作用。若用黑底色的织带来点睛，就会让整体显得更加内敛，进而突显自身的成熟气质。

约会

用休闲随意的老式和服展现与平时不同的自己。

　　跟朋友聚餐或与恋爱对象约会时，穿上一身和服就能展现出与平时截然不同的气质，因此是展示自己的绝佳机会。只是，过于高档的和服会因穿不习惯而使人紧张，无法放松下来。这种时候最推荐的就是以成品状态销售的古董和服与上一辈的人留下来的旧和服。穿着这种和服，还能自由搭配自己喜欢的腰带。若手头的腰带找不到能搭配的和服，或只有腰带没有和服，可以先试着入手这样的古董和服。

右　蓝染绸和服 + 格子名古屋带

　　这件绸和服是由早些时代的和服经过加工把尺寸改大而制成。蓝染绸和服有其独特的美，那种类似牛仔布的感觉可以搭配出非常休闲的装扮，这也是其魅力所在。腰带的花纹虽让人联想到苏格兰花格呢的格子纹，但其实是日本的传统花纹。这虽是一套传统装束，却显得很时髦，让人格外喜欢。换成古典花纹的染带，还能穿戴出席要求盛装的场合。

草履

务必选择能让步态优雅、方便穿着的草履。

图 1

淡雅的金色搭配白色利休梅钵纹鼻绪①，红色夹趾起到了点睛作用。

图 2

天鹅绒鼻绪，脚感舒适的手缝草履。

图 3

特制橡胶底更为防水，是一款独具匠心的草履。

图 4

神户真知子监制的草履，鼻绪使用了英国室内装潢常见的花纹面料，个性十足。

---

① 鼻绪：日式木屐的鞋襻。

图 1

图 2

图 3

图 4

弥生

春天是个能在赏花时和女儿节等各种让人心情振奋的节日里穿戴和服的季节。很久以前，我曾见过一位在三月二日的派对上穿黑底雏人形小纹和服的女士。那样的装束虽说能够充分表达自身的期待心情，但能够穿戴的时节只有在正月结束并稍作歇息之后的二月到三月三日，再往后就不能穿了。当时我觉得那样的和服虽然有些奢侈，却无限美好。如果手头余裕，这确实是种让人想尝试一番的奢侈。

说到春天，最大的期待还是赏花。每到樱花盛开的季节，人们都会用"你去赏花了吗？"来代替平时的问候，由此可见日本人对樱花的亲切感，也能看出樱花是一种广受人们喜爱的花。因为它是代表日本的花，也有人认为樱花纹样不仅能用来应和季节，还能不拘泥于季节，随时穿在身上。

我想穿着和服去赏花，而且还要在京都。这个愿望可能是在看过市川崑导演的电影《细雪》之后产生的。三十多岁的某一天，我在京都发现了一件蓝底花丸纹的京友禅，使得我那个愿望又往现实靠近了一步。

后来，我又找到了能跟那件和服搭配的黑底源氏车袋带，还挑选了自己很少选择的粉红色裙衬，把它衬在花丸纹内侧。它能有效搭配腰带，并且其颜色能让人联想到樱花，因此才会被我选中。可是，虽然凑齐了这么一套装扮，我还是没找到机会穿着它去看樱花。

从过去的经验来看，《细雪》中那样的赏花机会对我们这些现代人来说是非常奢侈的。更常见的情况是，我们不得不在下班后直接赶过去，就算提前知道日程，也有可能被堵在路上，还有可能在那些人多嘈杂的店铺里根本找不到优雅地穿戴京友禅的气氛。

尽管如此，如果一定要穿和服去赏花，那么以洋装审美来选择休闲随意的搭配应该会更容易实现。比如包下一间比较有档次的店，只要不是像岚山那样的高级料亭，那么穿着轻便的小纹与绸和服就能让人更放松和享受。特别是绸和服，可以让人联想到樱花的粉色，或蓝色、奶油色等稍显华丽的颜色。抑或选择灰色或米色等颜色朴素的和服，再大胆搭配玫粉色的腰带也很不错。

樱

深受人们喜爱的日本之花，描绘出和风漫溢的图景。

若要用樱花来表现季节，那么染带或许是最合适的。从梅花季节的尾声开始，直至樱花散落之时，都可以尽情享受穿戴这种花儿的乐趣。以米色巧妙点缀的黑底腰带，配以绽放白色花瓣的樱枝花纹，能让人从二十多岁一直穿到七十多岁。若选择粉色和服，可以迎合花瓣的粉红色调；若是蓝色或灰色和服，则显得风雅稳重。另外，想到胖嘟嘟的八重樱和优雅的垂枝樱，我脑中就会浮现出歌舞伎和日本舞的华丽衣裳。不过若要日常穿，最值得推荐的还是可以通过搭配腰带实现多种可能的小樱小纹。

左 七宝小纹 + 盐濑染带

在樱花季节以樱花色调为乐趣的和服，搭配诸如交织金线的喜庆七宝纹这种吉祥纹样的袋带，适合轻松随意的茶话会和婚宴等场合。樱花染带是黑底配樱枝，这样的腰带还可以在不同的季节搭配其他和服，属于非常百搭的一款腰带。

右 黑底小纹 + 盐濑染带

既不是樱花纹，也不是写实樱花，只染有花瓣的和服拥有不问季节、随时能穿戴的魅力，而墨底的缟纹又能衬托出穿戴者的风雅气质。在樱花季可以搭配雍容典雅的腰带，穿出华美气质。除此之外，还能在其他季节搭配俏皮洒脱的腰带，尝试截然不同的风格。另外，图中腰带上的金铃图案还能在樱花季以外的时节使用，凭借其纹样突显出华美气息。

赏花

洋溢着樱花风情的和服，适合轻松随意的赏花场合。

可以尝试一改平时穿戴绸和服的心情，选择刺绣半衿和花瓣图案。如果一定要穿染和服，则推荐精巧细致的樱花、花瓣或花丸图案的小纹和服。此外，只能在这个季节搭配的樱花染带，也是和服爱好者独有的奢侈。这种腰带推荐去二手店里寻找。虽然需要很长时间去寻觅价格适宜、尺寸和花纹都适合自己的腰带，但在二手店里常常能见到设计大胆的樱花纹样的染带或刺绣带，用这样的腰带来搭配，也不失为一种让人兴奋的尝试。

ⓛ 古董小纹 + 黑底古董京袋带

这件淡紫色与天然布色相互映衬的樱花竹叶染小纹给人一种柔和的印象，是在樱花季以外也能毫无顾忌地穿戴的百搭和服。让人联想到夜樱的晕染雪轮搭配樱花的腰带风雅十足，与缟纹绸和服非常搭。迎合赏花气氛的娇艳感则由艳丽的红色带衬和樱花刺绣半衿等小物点缀而出。

ⓡ 仓洴绸 + 更纱纹京袋带

由群马县纯国产品牌蚕茧制作的草木染绸和服，可谓无比贵重的匠人手工结晶。手工抽丝的光泽，手工织布独有的质感和染色，都给和服的淡粉色调增添了微妙的韵味，温暖地包裹住身着这件和服的人。印度产柞蚕丝腰带的自然色调变化给更纱纹增添了几分光影，与和服十分搭调。

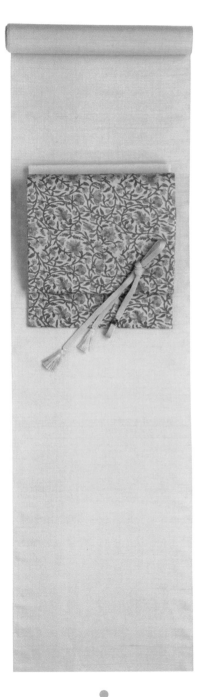

女儿节

暗喻桃花节的成熟粉色和服。

女儿节又被称为桃花节。提到女儿节，人们就会想到桃花和油菜花，但在和服的腰带上很难找到这些花纹。既然如此，可以用所有人都喜爱的樱花来巧妙地营造女儿节的气氛。粉红底色的樱花染带可以搭配黑色或绿色等撞色小纹。另外，用它来搭配白色、灰色、墨黑色系的纯色感绸和服则可以凸显樱花，营造出赏花气氛。用它搭配下一页的淡色调柔美绸和服，便能从整体上营造出淡淡桃色的女儿节氛围。用它来搭配手头的华美小纹，表达节日的喜悦，也十分不错。

左 盐泽绸 + 樱花盐濑染带

这件和服选用了盐泽绸面料中较为少见的红色十字格纹与白色花瓣的图案，看起来典雅而柔美。这里搭配了粉色系的樱花纹腰带来强调女儿节的气氛，若配上黑色或茶色几何图案的八寸带，就是另一种时髦而风雅的装束。

右 蝶纹付下小纹 + 樱花织名古屋带

绞染和相良刺绣组合成的蝴蝶花纹在晕染面料上轻轻舞动，这种和服不仅适合春季，只要搭配好腰带，无论何时都能给人留下深刻的华美印象。粉色晕染的付下小纹让人联想到彩蝶飞舞的春日原野，系上一条白底织名古屋带，完全无须担心腰带上的樱花被过分强调，反而让整体散发出淡淡的韵味，进而营造出桃花节的氛围。

花朵纹

古典花朵的小纹和服，突显春天的休闲气息。

因为和服是包裹全身的服装，因此无须考虑身高，可以选择最衬托面容的、自己喜欢的颜色和图案。应该说，图案柔和的染和服，才是和服的精髓所在。最近比较流行把和服穿出摩登感——花纹不规则分布，留白越来越多，图案越来越小，但我还是希望人们能尝试布满大花纹的传统和服。这种小纹配上古典纹腰带，就是一套漂亮的外出服；若换成更休闲的博多带或绸带，则会突显出穿戴者的老练与娴熟。

左 叠花小纹 + 格子八寸带

浅灰底色搭配擦染的粉色花朵纹，突出了和服独有的温婉特色。搭配灰色系绸带，可以表现出漫不经心的日常穿戴效果。换成黑底衬金银线的腰带，还能出席小型聚会，使你成为大家目光的焦点。

右 缩缅梅花小纹 + 红缟纹博多八寸带

素雅的绿色和梅花的粉红搭配出美感绝妙的小纹，配上简练的白底袋带，适合较为正式的场合；换成红白相间的缟纹博多带，则可展现出潇洒而调皮的风情。这条腰带还可用于搭配绸和服和单色小纹，是用途广泛又百搭的单品。

婚宴

富有气质和格调的访问服，为宴席添一分华美色彩。

出席华丽耀眼的婚宴、派对、典礼、茶会等场合，适合穿上访问服以示庄重。访问服正如其名，是进行访问和社交时穿戴的、相当于简礼服的和服。它与振袖和留袖这两种正式礼服一样属于绘羽和服，气质华美，格调也非常高雅。拥有一件已婚、未婚都能穿戴且与晚礼服档次同等的和服，能让人更从容地应对各种场合。只是，选择这种和服时最好避开摩登的花纹，而选择雍容典雅的古典纹和能够将面色衬托得更明亮的底色。有时候，一些漂亮的深色也能很好地衬托肤色。

⑥ 花丸型染访问服 + 黑底七宝纹袋带

袖子外侧和裾部的倾斜刷染鹿斑纹远看十分漂亮，有着访问服应有的格调和华丽。在大片留白的身片①上巧妙配置花丸纹，突出了和服平淡而优雅的底色，将身着和服之人的面部肤色提亮不少。使用多种配色的黑底袋带与和服本身的颜色相互映衬，构成了一套撞色巧妙的装束。

---

① 身片：服装术语，指胴体部位的裁片。

左 橘与源式车花纹访问服 + 云取与华纹袋带

这是一件花纹一直延伸到腰带下的橘与源式车花纹的访问服。突显了古典纹特有的色彩和较少留白的花纹配置，让易显寂寥的蓝色也显得十分华美。搭配古典纹腰带，无论什么场合都能让你带着自信出席。小物选用了同色系的淡色调，气质高雅。若装上假衿，其正装度又能提高一级，让领口也庄重起来。

卯月

　　四月依旧是鲜花盛开的季节，人们都收拾心情，以新的面貌开始了新的一年（日本学年和营业年度都是从四月开始）。这时候，正是蝴蝶在花间翩翩起舞的时节。这让我想起了曾经在白洲邸（现武相庄）采访时，主人向我展示过的一件令人难忘的和服。那是白洲正子女士亲自为女儿制作的，以接近黑色的深灰色为底，染着几乎只有黑白两色蝴蝶的访问服。

　　那并非振袖，而是墨黑底的访问服。用纸型印染的手法在方形纸板内染上了各种各样轮廓清晰的蝴蝶，完全颠覆了一直以来我对蝶纹和服的印象。它让我感受到了白洲女士独特的摩登感，以及专门向艺匠定制和服的奢华感。普通的蝴蝶花纹在制作时都着重强调动感之美。据说这种花纹早在桃山时代就已经被运用在能乐装束和小袖上了。这又让我想到，白洲女士对能乐也有很高的造诣。

另一方面，蝴蝶花纹又是一种极具魅力的华美花纹，能让人充分体验春日的着装乐趣。因此，大家可以尽情去寻找真正能让自己动心的蝶纹和服。

四月也是一个让人想出去来个小旅行的季节。身穿风衣漫步在旅途的街角时，很多人一定会反复想，如果此时能穿上和服，自己的心情一定会更加愉悦吧。这种情况并不仅限于古城之内。有时候，建筑物和自然景观的一点小小轮廓，就能与和服完美地互相映衬。

请试着想象，因为穿上了和服，自己在旅途中就能获得别样的体会。虽然穿着和服无法大步走路，为了保持优雅，更不推荐拿着大件行李，但除去这些不便之处，穿着和服旅行不正是日本人独有的特权吗？一边计划住宿一晚或两晚的短途旅行，一边思考如何搭配绸和服、腰带和小物，这个思考的过程也是心情最为兴奋的时刻。

蝶

可爱又大胆，体会蝴蝶花纹的乐趣。

蝴蝶花纹富有动感，可爱又美丽，尤其是对蝶这种有职纹样还兼具庄重感。此外，从卵孵化为毛虫，再由毛虫蜕变结茧化蝶，蝴蝶作为不死不灭的象征，更被用在了武士的纹章上。有的人对毛虫或蝶的蜕变，以及蝶翅的细腻纹路唯恐避之不及，但抽象成了和服或腰带上的纹样后，人们又会对古人的美感和创意，以及现代匠人们的技艺佩服不已。因为在西方服饰中，蝶纹也是很受欢迎的花纹，所以它作为日本花纹的魅力和强烈美感或许就更加引人注目了。

左 草木染丝棉绸 + 蝶与线纹的八寸名古屋带

一般来说，丸纹中镶嵌对蝶纹这种古典花纹的腰带较为常见，而这条则是有着摩登感设计的大气名古屋织带。搭配成熟而大胆的缟纹绸和服，其花纹与缟纹相呼应，烘托出充满个性的华美气质，最适合参加艺术类派对等场合。

右 绞染云取蝴蝶小纹 + 玉兰花名古屋带

这种纶子底面料光是染上一整面的蝴蝶底纹便显得十分华丽，再绞染上红色与鲜绿色蝶纹，衬以白色云取纹，就更加烘托出可爱而明媚的气质，最适合作为年轻人的休闲外出服。黑底腰带成为全身的点睛之笔，搭配绚丽的带衬和带缔，就能与和服组成一套比晚礼服更为华丽的派对装束。

绸

在绸和服中，不容易起皱且较为防水的大岛绸最适合带去旅行。最重要的是，一定要选择十分适合自己的颜色和花纹。若有平日经常穿的和服，那就是你的最佳选择，因为旅行中难免会遇到计划外的事情，要保证自己无论何时都从容淡定。作为常备款的腰带，推荐选择耐脏又较为简洁的款式，只要巧妙搭配不同的带衬和带缔，也能穿出多种风格。如果还能带上一条较为华丽、更有格调的腰带，就能让自己的旅途更具乐趣。

左 纵缟大岛绸＋暗红绞染名古屋带

藏青底色搭配蓝色缟纹的大岛绸，给人一种西式的摩登感和活力十足的印象。搭配暗红绞染的腰带，适合白天出门逛街时穿。换成一条花纹优雅的淡色染带，还能穿去较为高档的场所用晚餐，这种场合最好也准备一副带衬和带缔。

右 米泽绸＋茶底缟纹与水玉纹八寸带

这件绸和服并非单纯的蓝底，而是织入多种色彩形成微妙光影，可以为旅途中的各种场合增添色彩。深茶色八寸带的缟纹色彩起到了点睛作用，能展现出风雅而华丽的气质。若换成黑底或浅底色的古典纹染带，还能穿到比较正式的场合去。

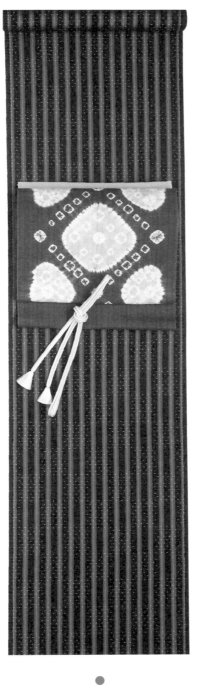

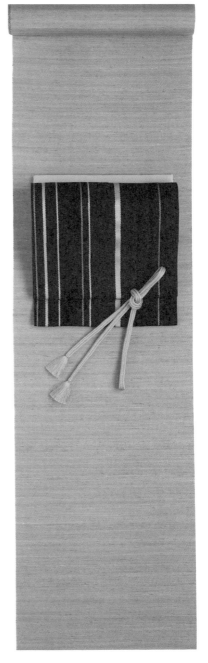

御召

20 世纪 70 年代中期，我听说御召和服渐渐消亡，很是震惊。过去，相比用粗丝织成的绸面料，使用了长纤维"先染"①织法的御召和服有个容易缩水的缺点，可是，经过不断改良，近年来已经出现了许多不会缩水的御召和服，甚至还显露出几分流行的趋势。日常外出时，选择扎染色织或缟纹等较为低调成熟的花纹，搭配盐濑染带突显风格，就能充分体会织与染相互映衬的乐趣。另外，用带有细腻底纹的纹御召搭配较为正式的腰带，可以作为仅次于细花江户小纹与素色和服的礼服，显得内敛的同时，又能展现出温婉柔美的外出形象。

ⓛ 纹御召 + 格子与植物主题名古屋带

这件和服在内敛的灰白色调中织入雪月花，点缀着刺绣兔子轮廓，工艺十分讲究。搭配华丽的腰带可以穿去赏花，换上格调高雅的腰带就能参加派对和庆祝晚会，真正适用于各种场合。远看似素色的细腻纹织还有一个好处，就是可以大胆搭配各种颜色和花纹的染带。

ⓡ 矢状扎染色织御召 + 盐濑染带

御召和服中最具代表性的纹样就是缟纹和矢纹，而其中最为典型的又是白紫相间的矢纹。但考虑到御召和服在现代生活中充当的外出服角色，因此即便同样是矢纹，看起来较为雍容的淡彩风格更为适宜。外表散发着温婉气息，触感却爽滑而有弹性，那种恰到好处的风格最具魅力。

---

① 先染：指织布前先在绷好的经线上染出图案，再纺织成布匹的技法。

江户小纹

从简礼服到外出服，纹样繁多的江户小纹。

江户小纹是小纹这一名称的起源，也是规格最高的小纹和服。室町时代便有染制这种和服的记录，一直持续到了江户时代。据说，这种小纹最初是应用在武士礼服上的细小纹样。被称为"三役"（行仪纹、鲛纹、角通纹）的细花江户小纹，远看甚至像素色和服，但也有着细花独特的韵味，能让穿戴它的人气场提升不少。因为江户小纹是接近无花纹的单色和服，所以腰带的选择范围便非常广。年轻时入手一件气质稳重的江户小纹，大胆搭配鲜艳华美的腰带，也是一种不错的选择。

左 大小霰纹江户小纹 + 菊菱纹京袋带

霰纹比"三役"纹更细碎，相当于洋装的圆点花纹，是一种容易亲近、散发着柔和气息而富有魅力的花纹。粉彩系的绿色容易搭配腰带，系上淡色京袋带显得气质高雅，完全可以穿戴出席较为讲究的场合；换成黑底袋带则显得典雅庄重；搭配休闲的八寸名古屋带，又成了一套俏皮活泼的装束。

右 鸟兽戏画江户小纹 + 博多八寸带

这种小纹与白花小纹的风格截然不同。特别是描绘了兔子、狐狸、猿猴、青蛙、山猪等图案的鸟兽戏画，都是让日本人备感亲近的纹样，能够突显出调皮又潇洒的气质。这件和服最推荐搭配织有吉祥葫芦图案的博多带，打造清爽造型。其色调虽然朴素，但只要搭配华美的带衬和带缔，就能成为适合年轻人的装束。

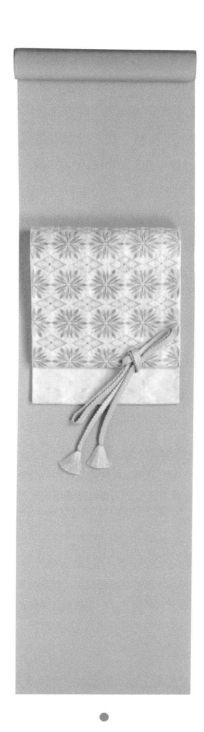

红型

色彩鲜艳，花纹独特，体会上等本红型的穿戴乐趣。

本红型①相传起源于 13 世纪的琉球王国时代。乍一看有如南国的大自然一般，颜色对比强烈而个性十足，但它的传统底蕴和独特的高完成度却能营造出不俗的格调。使用颜料而非染料，使它的色彩充满了冲绳独特的南国风情。纹样不仅有冲绳独创图案，还有红叶、梅花、积雪竹和雪轮等众多日本传统图案。这些都是琉球王国与日本的漫长交流史中深受友禅染影响的结果。此外，完全脱离日式季节感也成了它的魅力之一。这种和服最适合不用考虑季节感，可随时大胆穿出自我的时刻。

本红型小纹 + 袋带

低调稳重的藏蓝底色搭配富有本红型特色的纹样和色彩，成了一件让人印象深刻的小纹。它是知念红型研究所制作的传统红型和服。再搭配几何波浪纹样的袋带，便成了一套格调恰到好处的华美装束。即使在略显严肃的场合，它也能展现出本红型独特的气质。

霰纹江户小纹 + 本红型六通染带

这条在白底面料上染上经典纹样的缩缅染带由知念红型研究所提供。绿色的鲜艳带垂起到了点睛作用。本红型独特的百花图案搭配单色调的清爽江户小纹意境十足，在乍一看十分朴素的江户小纹上，增添了一道极具个性的华丽色彩，成就了这种搭配的最大魅力。

---

① 本红型：专指用从矿料和植物中提取的颜料染制而成、颜色鲜艳、花纹富有立体感的琉球红型，相对于使用友禅染的京红型而言。

皋月

这是个春意正浓的时节，只穿着和服就能外出，让人不禁内心雀跃。此时，观赏歌舞伎和能乐、文乐，以及芭蕾舞和歌剧的机会也多了起来。

很久以前，我在完成巴黎时装发布会的采访后，获赠了一张歌剧院露台座位的门票。演出剧目是鲁道夫·努里耶夫导演的芭蕾舞剧《雷蒙达》。不仅剧目吸引人，光是能在巴黎歌剧院观演，就已经足够让我兴奋不已了。

可是，我当天晚上就要乘飞机回国，只能直接穿着一身随意的乘机装束去观看演出。能看到芭蕾舞剧固然令人高兴，但我对自己的装扮十分不满，有种怎么都不顺心的感觉。那些幕间手持高脚酒杯在大厅谈笑的人都身穿与场合相符的正装，这种耀眼的情景在我心中留下了很深的印象。我还思索过：什么样的和服才适合穿到这里来呢？

可能就是从那次开始，每当我去剧场，都会抱着前往不同世界的想法思考自己的着装。与电影不一样，舞台是一生仅有一次的邂逅，为了表示对表演者的尊重，我们也要用心选择自己的着装，将自己的感情投入舞台之上。

不仅是在表演歌舞伎和能乐、文乐的场所，就是穿着访问服出席日本舞的大型演出场合也不足为奇，因为剧场也是能让那种格调的服装大放异彩的场所。

我时常能碰到因不喜欢过于柔软的面料而选择绸和服的人，其实他们可以在选择腰带花纹和颜色时调皮一点。虽然还要看具体剧目，但在平成中村座和茧剧场这样的空间，绸和服会显得比染和服更为温婉柔美。

在这样一个特殊的时节，希望大家都能尽情享受单穿和服外出的乐趣。

观剧

烘托『剧场』气氛，小纹与绸和服搭配出的清纯美丽。

穿着和服去歌舞伎和能乐、文乐这种传统演艺的剧场，不仅能让自己乐在其中，还能让周围的人也赏心悦目，更能增强自身对剧目的融入感。此时选择轻松随意的小纹与绸和服自然不会出错，也可以用心营造一点适合观剧场合的趣味和气氛。此外，即使是观看芭蕾舞和现代演剧，穿着和服也能让心情更为愉悦。不用注重格调，而是随心所欲地穿着自己喜欢的和服，也可以充分体验身在剧场这一特殊空间的乐趣。将来某一天能身穿和服去巴黎歌剧院观演，是我的心愿之一。

ⓛ 菊花小纹 + 唐草纹名古屋带

鲜亮蓝底色和立涌底纹配上白色菊花纹远看十分醒目，即使在大剧场里也能吸引眼球。稳重朱红底色搭配桐、竹等传统纹样的织带更增添了一分华丽。这套装束完全可以穿去观看新春的歌舞伎剧目。换成黑底胭脂纹的染带，则适合去观赏一些气氛较为轻松的剧目。

ⓡ 真丝棉绸 + 经编纸球提花袋名古屋带

格子纹的绸和服乍一看偏向休闲风格，橘红和淡樱色草木染的柔和色彩中间穿插纤细的粉色线条，又添一丝华美。白底腰带上织出色彩鲜艳的纸球，显得温婉可爱，在小剧场或小影院这种嘈杂的场合会让穿戴者看起来清纯出挑。换成更纱染带，则可以穿出风雅的气质。

白大岛

清纯而华美，令人沉醉的亮色大岛绸。

被认为起源于奄美大岛的大岛绸主要以具有独特深色色泽的泥大岛为代表。这种和服具有一定光泽且触感爽滑冰凉，适合从初秋一直穿到隆冬，甚至来年春末。既然如此，比泥染稍微亮丽的色泽就会更让人心动。白大岛自古以来便有着这样的地位，最近还出现了使用化学染料的彩色大岛，使得人们挑选的范围更加宽广了。华美的大岛绸相当于礼服裙，因而与普通绸和服的使用场合不同，也并不适合日常穿戴，而更适合外出参加活动时穿。不过，这是一个大岛绸也可以用来制作访问服的时代，因此穿戴时大可不必讲究。

左 格子大岛绸 + 染名古屋带

白色与淡粉色格子的搭配有种略带甜美的礼服气质，搭配黑底上以多彩小花纹点缀的型染腰带，更增添了华美气息。挎上黑色漆皮包，穿上淡色漆皮草履，正适合参加轻松随意的派对。

右 十字扎染色织大岛绸 + 龟甲花菱纹染名古屋带

用低调而富有品位的绿色十字扎染色织成的大岛绸，远看是温婉而有格调的米白色，使用古董更纱制作的染带既显得稳重，又散发出内敛的华美，正适合清爽的五月。搭配的小物也推荐清新的颜色。

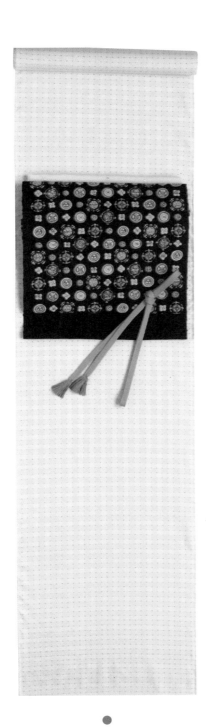
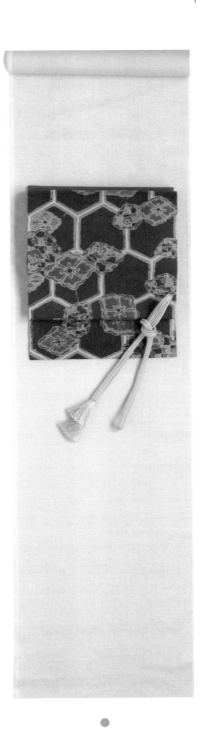

立涌

立涌是一种有职纹样，其源流是正仓院宝物的染织纹样。在由两根曲线构成的立涌纹中嵌入藤花、菊花或松针等花纹，就成了藤立涌、菊立涌或松立涌。带有这些花纹的袋带，通常用来搭配档次较高的和服。在我孩童时代的记忆中，立涌和服好像在昭和时代初期的和洋折中潮流中被认为具有摩登感，并因此被应用到了日常穿戴上。如今，要穿戴立涌和服，最好能巧妙展现它简约的摩登感，注重其富有和服特色的风格。

🄰 绸布绞染立涌小纹 + 更纱染名古屋带

在缩缅面料上型染立涌纹的小纹和服只要选对了颜色就能突显风雅气质，但对初学者来说比较困难。相较之下，绸布绞染立涌纹的和服则有着恰到好处的气质，也容易上手，即使是粉底色，也不会显得过于甜美，适合成熟女性休闲外出时穿戴。

🄱 纯棉伊予扎染色织 + 立涌爪哇更纱带

立涌纹出现在腰带上，通常都是作为有职纹样搭配较为正式的织带，而图中这条却是极具个性的爪哇更纱。蓝白配色与棉布上的蓝色扎染色织共同组成富有节奏感的格调，衬托出和服穿戴者的老练魅力。若想在日常外出时利用棉布和服彰显出随意而潇洒的气质，挑选这种同色系搭配会显得格外时髦。

缟

仲春之际，最美便是单穿织和服。

　　和服术语中有"单穿"这种说法。这个词用来与羽织穿法进行区别，专指不穿外套羽织，只在和服上系腰带的穿法。可以带着自信单穿出去，最适合初夏，不会显得过分正式的和服当属织物和服。和服的初学者为了方便搭配，多数都会选择素色和服，但如果无须考虑需要盛装的正式场合，选择缟纹等织和服独有的清爽花纹可以让自己更受瞩目，心情更加欢快。希望大家不要把和服当成一种盛装礼服，尽量在日常生活中穿戴。

左 西阵御召 + 绸制染色名古屋带

　　让人联想到母亲甚至祖母所穿和服的朴素御召，只要搭配现代感的染带，再巧妙运用小物的色彩点缀，就是一套散发着青春气息的时髦装束。配上更纱纹样和季节主题的染带，可以突显和服老手的老练风雅，适合作为休闲随意的外出服饰。

右 扎染色织绸 + 木板纹染名古屋带

　　这件和服的纵缟看起来幅面宽而大胆，但被略带粉彩感的色调和横向织线中和之后，就形成了温柔的气质。搭配同色系的绞染腰带，甚至能穿出洋装之感。若换成茶色或深蓝色等底色较深的更纱腰带，再搭配色彩稳重的小物，就是一身休闲的装束。

水无月

提到六月，我脑子里浮现的第一个词就是"更衣"。小时候，我曾经那么盼望脱下深蓝色羊毛长袖水手服，换上雪白纯棉制服的日子。日本舞的练习服饰从六月开始就换成了浴衣，而老师则会身穿单衣和服。只有在六月和九月才能见到老师的单衣身姿，这也是我的乐趣之一。

另一方面，挑选六月的和服也是每年必须经历的烦恼。知道了六月和九月穿单衣、七月和八月穿薄物这个规矩后，可能有许多人会对夏季和服心生退意。只为了一年里的这么几个月，实在无法置办如此多的和服，这种想法我非常理解。

但是，这实在太可惜了。受全球性的温室效应影响，如今日本的四季已经跟昭和初期大不相同了。同时，人们也不再像以前那样讲究和服着装规范了。如果天气有点热，有的人会从五月开始换上单衣。这些都可以按照个人喜好进行调整。更何况每个人的体质也不一样，有的人会怕冷，有的人会怕热。

于是，在五月就穿上单衣和服的人越来越多。此外，秋老虎肆虐的十月，也是单衣频繁登场的时节。看来，穿单衣和服的时间确实比以前更长了。

我第一次置办单衣和服，是在三十五岁之后。当时我在做和服的平面造型和吴服店的顾问工作，渐渐产生了尝试穿单衣的想法。经过精心挑选制作的第一件绸单衣是黑底白色十字扎染色织款式，因为我想在无论是洋装还是和服都以偏白色调更为显眼的季节，可以穿上黑色系的清凉绸和服。只是，我也觉得那与我想象中的潇洒的和服身姿相去甚远。同时我意识到，更为温婉柔和的和服在单衣的季节才有更多的穿戴机会……

单衣小纹

凉爽的单衣小纹，最适合初夏外出。

若要在单衣的季节里穿和服，现在的人一般都会选择绸和服，因为它实用又百搭。只要选对颜色，绸和服也能作为外出服穿戴。在这个光是穿和服就意味着盛装的时代，若要专为六月和九月置办一件和服，我推荐比绸和服规格更高的染和服。虽然它是只能在非常短的时间里穿的奢侈和服，但是那种仿佛穿着丝绸盛装礼服的感觉，以及没有内衬、肌肤直接接触和服面料的感觉，都是单衣独有的特色。可以选择朴素的花纹，搭配腰带穿出华丽感。在过够了穿单衣的瘾后，再做上一层朴素的裙衬作为内衬穿到下一个季节，这也是和服独有的乐趣。

左 双捻缩缅①江户小纹 + 赤城绸江户红型染带

双捻缩缅既可以作为衬布使用，也可以做成单衣。做成单衣时，若将背面染成与底色同色，行走时下摆略微翻开露出的里色会将双足衬托得更为美丽。这种面料也可以作为绸和服的带衬，搭配色调华美的染带，让人自信地出入氛围轻松的派对。另外，这套装束还可以搭配较小的手包。如果搭配茶色或灰色底色的博多贡带，又是一套潇洒的外出服。

右 双捻缩缅本蓝染牡丹小纹 + 纹八寸博多带

这件和服的面料与左图相同，但因为使用了本蓝染工艺，连面料内侧也染成了蓝色。因为双面着色，所以这种工艺更适合制作单衣。在牡丹花图案周围散落着白色水玉，充满与季节相符的清爽感。为了突出粉色和奶白色的穿插色，腰带使用了明亮本白色风纹感的素色编织花纹，营造出凉爽的初夏气息。

---

① 双捻缩缅：由两股捻纱织成，不同于普通缩缅，防缩水性较强。

花园派对

初夏轻松随意的派对，是单衣绸和服大派用场的舞台。

从六月开始穿单衣是和服的着装规范之一。如果能够拥有很多件单衣，那色彩华丽的单衣小纹固然很好，但在参加花园派对时，选择更为休闲的款式同样合适。如果是绸质地的单衣，排除气温和阳光强度的影响，四月末前后就能穿戴，十月穿也毫无问题。最好回避过于强势大胆的织纹，选择自己喜欢又合适的颜色，在阳光下展现美丽的身姿。如果拥有基础色调、光泽与自身肌肤巧妙融合的和服，就能自由而大胆地选择腰带的颜色和花纹，带衬和带缔的色彩搭配也能更加随意。

左 纵缟小千谷绸 + 欧洲更纱名古屋带

纵缟（竖条纹）在洋装审美中属于休闲感的纹样，但这件和服底色鲜艳，只要搭配合适的腰带，就可以穿戴出席各种盛装场合。若是搭配图中这种经典的西式花纹腰带，还可以营造出充满青春气息的花园派对氛围。换成蜡染风格的更纱或干练的博多带，就是一套个性十足的外出装束。因为和服与腰带都个性十足，所以挑选小物时要注意选择低调的款式，以免过分艳俗。

右 本色柞蚕丝绸和服 + 花朵纹夏八寸带

洋装也会使用的柞蚕丝是一种纬线较粗、横纹会散发出独特光泽的绸面料。天然米色的绸和服可以搭配颜色略张扬的腰带，从而衬托出穿戴者的优雅魅力。若搭配淡粉色带衬、带缔和珍珠戒指，再带上色调美丽的手包，就能营造出典雅的派对气氛。

紫阳花

摩登装束的乐趣，紫阳花纹的奢华。

　　我第一次在巴黎花店里见到浓艳的紫阳花时，受到了非常大的视觉冲击。那种花被称为"hortensia"。那时我听人说那是日本传统花卉，但我们平常所说的紫阳花好像是经过改良的西洋紫阳花。而在巴黎，紫阳花已经变成了更大、更华丽的花朵。可是，最让我动心的还是未经改良的紫阳花那种清纯可人的气质。大正时代之前的半衿和织带上多有紫阳花的图案，给人一种清新的印象。不过，若要穿出随意而具有现代感的风格，可以选择乍一看让人看不出是紫阳花的抽象纹样小纹。

左　紫阳花小纹 + 知念真男设计的生绸质地本红型染带

　　在单衣季节里，只把印有开在围墙中的紫阳花图案的小纹当成六月和九月的服饰固然奢侈，却能充分体验和服独特的季节之趣。这种细腻抽象的花纹配上茶色染带或黑色博多贡带，可以穿出九月的秋日气息。搭配时要注意选择颜色温婉低调的带衬和带缔。

右　和更纱感萨摩棉和服 + 紫阳花染带

　　颠覆了蓝色扎染色织棉布印象的洗练萨摩棉，触感虽然像上等纯棉细布那般舒适，却让人产生一种身着盛装的感觉。配上色调大胆而鲜明的紫阳花染带，就能给人以华美的印象。

单衣御召

御召单衣，轻奢潇洒的外出服饰。

对我母亲那一代人来说，御召是她们外出应酬时的穿着。其实在过去，人们都知道这种织和服比绸和服，甚至染小纹的规格更高。这在以前虽然是常识，但对把握好御召和服的定位也是有好处的。平时穿单衣和服，最让人担心的就是因为下摆翻动和手部动作，容易露出内侧部分，而御召这种织和服的面料特点就在于内侧也十分美丽，特别是用风通织法制作的御召和服，其面料内侧还能成为点睛之笔。它比织入底纹的素色面料更有质感，能够提升规格和气质。根据气候变化，五月和十月也能穿戴，还能在穿了几年后做上一层衬布，将其变成另一个季节的装束。因此，大家可以尝试入手最喜欢的单衣，拓宽自己和服穿戴的广度。

🄛 纹织西阵御召 + 罗缩缅名古屋带

细腻几何花纹的纹织，以粉色这种甜美色彩突出清丽的质感和格调。搭配罗缩缅质地的绞染腰带，便是一套清爽随意的着装；换成吉祥纹样的袋带，便是很正式的装束；而搭配摩登的几何图案染带，又有了自由随意的裙装感觉。

🄬 风通御召 + 罗缀八寸带

这件和服的真丝提花恰到好处，在洋装上也可见到的夸张单色花纹充满个性，但是由于风通织法有种柔软的质感，因此它也能营造出沉静华美的气质。这件和服露出的面料内侧美得让人心醉。上身后使身材显得纤长，又衬托面部，因此选择腰带时应着重突出这种和服独有的魅力。

第二件单衣

营造初夏和秋日的时髦气息，让人备感亲切的单衣。

时至六月，人们纷纷换下有衬和服，穿上单衣。这里推荐能在这个季节舒适穿戴的两组单衣和服。其中一件推荐给已经拥有一件单衣的人，这是一件大岛绸中最具代表性的古典花纹——龙乡纹的正蓝染单衣。蓝色让这件单衣显得格外摩登而富有格调。又因为大岛绸不易起皱，所以它是最适合初夏旅行携带的和服。另外一件则是中规中矩的小纹，其古典而恰到好处的不规则花纹显得优雅而华丽。

左 葵花小纹 + 夏罗名古屋带

凉爽的蓝色和服搭配古典花纹，再系上米色交织粉色与金色的腰带，可以营造出西式风格的华丽感，适合出席派对时穿。初秋时节搭配黑底腰带，这种气质沉静内敛的组合，适合作为优雅的外出装束。

右 正蓝染龙乡纹大岛绸 + 首里花织名古屋带

大岛绸特有的光泽和深蓝色泽让面料的几何花纹更添了几分格调。这个组合休闲随意，是突显成熟女性淡定气质的休闲外出装束。搭配色彩鲜艳的染带则多了一分华美，换上蓝白相间的腰带则摩登大气。

单衣绸

不偏白，不偏黑，爽滑清凉的丰田绸。

用绸料来制作单衣，最好回避过于极端的黑色和白色，选择较为柔和的中间色系。单衣绸最适合在酷暑前后穿戴。为此，可以利用腰带来尽情体现浓浓的季节感。六月可以搭配七、八月的夏季腰带，九月还可以从搭配加衬和服的八寸织带中进行选择。此外，非绸布的染单衣在色彩方面也适用上述搭配。可以先选择一件自己喜欢的单衣，在尽情体验了和服的清爽感之后，再进一步探索搭配和服的乐趣。

⑥ 麻叶纹丰田绸 + 绸布染名古屋带

选择单衣绸时，许多人倾向于偏白的色彩，但图上这种底色的和服可以在九月继续穿戴，且更为百搭，再加上比素色和服多一些淡雅的花纹，更容易让新手找到搭配的感觉。在众多绸面料中，以爽滑的触感和韧性为特征的丰田绸更适合制作单衣，可以从五月到九月一直享受那种舒适的穿戴体验。

夏季小物

扇子和阳伞，让和服身姿给人留下深刻印象的夏季小物。

图 1

这里选择了突显手部优美动态、色泽曼妙的素色京折扇。

图 2

镂空白麻伞面和白色蕾丝虽是阳伞的标志性特征，但这种英国制的经典黑色蕾丝却能增添几分个性色彩。

图 3

适合搭配浴衣与麻料和服的利伯缇印花阳伞。

图 1

图 2

图 3

文月

缩与细布和服糊弄过去的。我这样的装束在一些必须穿和服出席的场合也能勉强被接受，或者说因为我还年轻，人们就对我睁只眼闭只眼了。

只是有的时候，即使在夏季，我也会被邀请出席一些较为正式的场合。此外，即使不是正式的婚宴，到高级料亭聚会、观看古典戏剧和参加派对等适合穿薄物染和服的机会也越来越多了。这些都是非常适合穿着和服出席的活动，但是因为觉得麻料织和服过于休闲，我还是数次放弃了邀请。如此几次下来，我就对薄物和服产生了兴趣。

我曾经认为那种华丽的薄物和服是种奢侈，与自己毫无关系，然而现在看到那些只能趁年轻时穿戴的和服，我都会生出些悔意。虽然有时候需要进行一些改动，但和服的好处正在于可以由父母传给孩子，或者亲戚、熟人和朋友相互赠送，并长久地穿戴下去。

唯美之物

清凉舒适，带来凉意的上等夏季和服。

　　所谓薄物，指的是罗、纱和麻细布这些面料。人们在选购第一件夏季和服时，容易倾向于适用范围更广、中规中矩的款式，但我更推荐略为奢侈、富有趣味的和服。因为按照别人的建议选择的适合多种场合的和服，一旦穿熟以后就容易觉得不满足，即便穿在身上，内心也不会兴奋了。既然如此，哪怕穿戴场合有限，也要选择自己真正喜欢的、穿在身上会特别高兴的和服，长远来说，这才是最正确的做法。这种偏白的薄物和服在穿戴时一定要有心理准备，就算再怎么热也不能表现出来，穿上身就要显得清凉端庄。

⬅ 波浪状立涌纹罗生绸和服 + 扎染色织纱八寸带

　　小千谷产的生绸由不完全精炼的生丝织成，面料的颜色看起来并非纯白，而是有种类似麻布的粗糙感。身着由这种面料制成的和服，走动时形成的裙部动态十分好看，因而适合做成夏季奢侈的盛装和服。底色浓厚的腰带也魅力十足。穿着它去档次较高的料亭参加私人聚会，可以突出潇洒而随意的感觉；在剧场和画廊等场合中也显得个性十足。

➡ 罗付下 + 笛纹纱袋带

　　用柔美的线条和花蕊部分的淡雅色调描绘出大朵慵懒的朝颜，晕染的绿色叶片与奶油底色相呼应，给人一种华丽而空灵的印象。搭配淡彩横笛的腰带，便是一套仲夏奢侈的盛装。穿着它可以自信出席高规格的场合，甚至能展现出一丝俏皮又自然的美。把它穿在身上，务必要让自己保持温婉而端庄的形象。

外出

清凉通透，夏季和服独有的奢侈。

在开了冷气的室内清凉度过的夏天，正是外出用盛装和服大派用场的机会。薄物和服的特征在于具有通透感，可以在黑色或深蓝色的和服下刻意透出白色里衣，营造清凉的感觉。而对于年轻人，最为推荐的还是华美底色搭配恰到好处的纹样的染小纹。即使不是访问服与付下和服，也能通过搭配腰带来提升规格，穿到非常正式的聚会场合去。对年轻人来说，这样的搭配在显得华美的同时又不会过于刻意，反倒更显得魅力十足。换成纱绸的简约腰带，还可以在外出的同时顺便在夏日的大街小巷练习优雅的步态，这套搭配的关键在于不可或缺的阳伞。

左 纹纱小纹 + 御所解花纹名古屋带

乍一看很强势的红色腰带反倒能衬得纹纱质地的小纹更加明亮，因为两者都是具有通透感的夏季面料，所以搭配起来可以给人以清凉印象。加之色彩上的强烈对比，也能突出清凉感。搭配白底点缀红色的小物，则更是凉爽亮眼。这是一种在充斥着冷色调的夏日街巷间显得十分新鲜的搭配。

右 强捻罗①小纹 + 变织罗破口七宝名古屋带

这件和服采用先季节一步的秋草花纹和颜色较少的简约强捻罗面料，搭配色彩鲜艳而雅趣十足的七宝纹腰带，在提升规格的同时，又突显了奢华气息。换成左图的红色腰带，则可以强调年轻气质，搭配出轻松随意又典雅温柔的外出服。

---

① 强捻罗：使用强捻丝织成的罗面料。

罗小纹

具有美妙通透感的罗小纹，荡漾着阵阵清风般的凉爽气息。

因为织法不同，罗的通透感似乎要稍逊于纱。但纱和服的质地像欧根纱，偏硬，对不习惯的人来说很难上手，在选择里衣时需要慎重。因此，这里要推荐的便是适合新手的薄物和服——罗小纹。和服腋下通风，上身非常凉爽，因此成为日本的传统服饰。如今在冷气充足的建筑物内，穿着礼服裙时经常要披一件衣服保暖。既然如此，不如换成凉爽的罗小纹，去尽情享受休闲随意的聚会吧。

左 刷染鹿斑秋小花散纹的强捻罗付下小纹＋刷染鹿斑同纹散花的罗盐濑名古屋带

这件淡粉色小纹和服的鹿斑图案分布均匀，只要系上规格较高的织带，就能作为夏日的盛装外出服饰。腰带与和服使用相同的花纹，有时会显得过于累赘，但这套搭配中花纹的大小比较均衡，如同成套定做，显得魅力十足。

右 更纱纹纵罗小纹＋纹纱染名古屋带

这件染小纹和服在炭灰底色的面料上，用留白做出了线条清晰的更纱纹路，搭配纱质地的博多贡带或黑白色调的染带，可以穿出和服老手的随意感觉。这里特别选择了柔和的水蓝色抚子花染带，显得清纯优雅，又有点盛装的感觉。带衬和带缔可以选择白色或米色等淡色无纹的款式，突出清凉印象。

餐会

餐会

穿上优美的绢布夏和服，参加规格较高的餐会。

一说起夏天聚餐，很多人可能会想到浴衣搭配半幅带，在居酒屋热热闹闹地欢聚一堂。可是这一小节将会以需要盛装出席的、较为正式的餐会为对象展开介绍。为了体验适合外出的绢布夏和服独特的风情，我选择了具有独特爽滑触感的明石缩和织入底纹的纹纱小纹。这两套和服最关键的地方都在于里衣的选择。过去人们会根据不同的和服面料进行选择，以麻布衬麻布，以平罗的长襦袢衬绢布，而最近有一种由海岛棉这种细棉布制成的里衣，可以同时用来搭配麻布和绢布的和服。来尝试一下身着夏季和服的餐会吧。

㊧ 明石缩和服 + 麻料染名古屋带

明石缩起源于兵库县明石一带，现今的主要产地在新潟县十日町，它是一种轻盈凉爽的夏季用绢织物，可用来制作盛夏时节的外出和服。原色面料的和服搭配大吴风草和蜻蜓图案的染带、粉彩色调的小物，可以突出这件和服的柔美气质。换成深底色的腰带时，要注意选择色调内敛的小物，以免显得过于闷热。

㊨ 纹纱小纹 + 芥子花纱名古屋带

纹纱是一种有通透感的纹织面料，特点是亲肤好穿。这件小纹和服大胆地运用蓝色鹿斑纹，表现出具有清爽美感的雪轮花样。因为有纱的通透感，所以搭配深紫底色和细腻芥子花纹的腰带，能够进一步突出和服的清凉感。这是一套即使穿到高级料亭和餐厅也能自信十足的装束。

麻叶

高完成度的直线纹样，给整套装束增添清凉感。

麻叶是日本独有的直线纹样，也是最为普遍的纹样。给新生儿裹麻叶纹的襁褓，是取了麻的坚韧不拔和叶片快速生长的寓意。另外，这种花纹还会出现在歌舞伎和浮世绘的服饰上。无论怎么使用，它的魅力都不会减少分毫。因此，虽然麻叶纹被大量用在有衬和服上，"麻"这个字的语感还是能让人产生最适合夏季的清凉印象。在最注重清凉感的夏季和服上，也应该巧妙地利用麻叶纹样进行搭配。

左 几何麻叶的强捻罗和服+刷染鹿斑叶片纹的罗盐濑染名古屋带

黑底面料染上了大小各异的几何形麻叶花纹，其中点缀的小红点成了整体格调的点睛之笔。这种强捻罗面料的小纹给人一种清凉感，乍一看略显朴素，但只要搭配白底染带，就能穿出华美而典雅的气质；换成缟纹或素色感的腰带，还能打造爽朗风雅的形象。这件和服的魅力就在于通过搭配不同的腰带，可以适合各个年龄段的人穿。

右 麻叶纹绢红梅[①]+葵纹染名古屋带

比浴衣规格要高一档的绢红梅是比较适合夏季和服新手的选择。虽然粉红底色偏甜美，但有了麻叶风格的直线纹样，便能穿出清凉而典雅的女性气质。若做成半衿的宽松款式，就成了凉爽而休闲的外出装束。夏日气息十足的染带可以系成小巧精致的太鼓结，若换成博多贡带，就能打造出闲适活泼的小镇女孩气质。

---

① 绢红梅：一种使用红梅织工艺的浴衣。整体为细格子底纹，格子部分由粗棉纱织成，其余部分由绢丝织成。

叶月

　　提到盛夏的浴衣，首先想到的就是日本舞的"浴衣彩排"。那是日本舞内部彩排的一种形式，每年七八月天气炎热之时，习舞者都会穿着浴衣进行练习。看到"浴衣"一词自然会明白，它与借用活动大厅或剧场的大规模彩排不同，而是在平常使用的舞蹈室或某位学员家中进行的较为随意轻松的排练。

　　每个流派的做法可能各不相同，在我学习日本舞时，每年的"浴衣彩排"都会穿上当年新做的浴衣。只要一到夏天，当年的新浴衣就已做好。因为我学习的是藤间流，所以浴衣都会使用藤的纹样，虽然颜色只有蓝白两色，但那种花纹每年都能散发出让我惊叹的魅力。"浴衣彩排"结束后，我们在平时练习时也会穿上浴衣，再和上一年的浴衣一起换着穿，直到把它们穿旧。

若浴衣花纹的适用范围较广，家中其他成员也能使用同样的花纹来搭配。我们在朋友家里进行"浴衣彩排"时，那个朋友的父亲给我们表演过短诗，当时他还做了跟我们一样的浴衣穿在身上。有一年夏天，我母亲大胆地在白色面料上染了市松间夹着藤花的花纹，做成一件她特别喜欢的自用浴衣。每次看到"浴衣彩排"的照片，我都会想起母亲的那件浴衣。

　　跟我一起学日本舞的还有一个比我稍小的男孩，他后来去巴黎当了设计师助手。总而言之，男女老少都穿着同样的浴衣欢聚一堂的情景，在我心中留下了清凉而愉快的记忆。每个人根据自己的年龄搭配衿和胸垫，采用不同的腰带系法，反倒能充分发挥个性，并散发出自己独特而活泼的魅力。当时我就模糊地感觉到，只有白色和米色的简洁浴衣蕴含着蓬勃的活力，而现在则更加确信了。如今虽然年轻人都喜欢色彩多样的现代感花纹，但典型的蓝白色浴衣也有着独特的魅力。

浴衣

经典的蓝色浴衣，想穿着它行走在夏日的夕阳下。

在夏日到来前置办一件由典型精梳棉制作的浴衣用于出行，到了第二年则可以作为日常浴衣尽情穿。经过整个夏季的洗换后，逐渐将其降格为睡衣，最后把它剪开，做成尿布或抹布，可以说，这是一种极为环保的面料。随着时代的变迁，浴衣现在已经成了堪称盛装的装束，但我还是推荐能够让人体会到那种旧日美好的白底蓝花或蓝底白花浴衣，因为那正是成熟女性穿浴衣的妙趣所在。深蓝色的浴衣因为颜色较深，即使素颜也很衬肤色；系半幅带的时候，还可以尽情体验带着一点男性气息的干练感觉。

🄻 蓟纹棉罗浴衣＋博多半幅带

这件棉罗浴衣的面料采用了罗织工艺，还含有 30% 的麻，十分凉爽。穿成无半衿、半幅带的浴衣形式，其经典的蓟纹能够突出飒爽的美感。参加较为正式的场合时配上白色半衿，也能变成正式的和服款式，此时可以搭配淡色调的纱制博多贡带系成位置较低的太鼓结，以及白麻足袋和白木制的木屐。

🄡 江户好白底油纸伞纹浴衣＋博多八寸平贡带

在歌舞伎纹样中，"菊五郎格子"和"镰轮奴"最为有名，而看到这种伞纹，我首先想到的是歌舞伎《助六》。因为难得遇到这种花纹，我就搭配了比较风雅的缟纹腰带。伞纹这种洋装上难以应用的大花纹，放到浴衣上就恰到好处了。

图 1

图 2

图 3

图 4

图 1: 麻叶纹棉罗 + 棉狭半幅带

这件浴衣具有棉罗面料独特的柔韧，传统麻叶纹配红底色，给人一种潇洒摩登的印象。用它搭配白底棉狭织的半幅带显得稳重而内敛，小物可以选择白木木屐和竹包。

图 2: 纱绫形与家纹图案的棉红梅 + 博多袋名古屋带

棉红梅质感爽滑，配上格子状编织纹路这种古典花纹，可以穿出类似染小纹的感觉。奶油色的纱贡带可以中和蓝色，稍提气场便能穿出成熟女性的风范。

图 3: 荻花棉罗 + 棉狭半幅带

除了朝颜和蓟纹，为人们所熟知的另一种典型浴衣花纹便是荻花。秋天来临之前在浴衣上绘出大朵荻花，搭配个性十足的棉狭半幅带，再佐以红色鼻绪的黑漆木屐，便是一套完美的装扮。

图 4: 圆雀精梳棉浴衣 + 道屯织半幅带

由雀鸟抽象而成的圆雀纹带着一点调皮，属于喜庆花纹之一，也是浴衣的典型花纹。比较明朗的底色富有个性，搭配色调清爽的素色感腰带，组成一套清凉装束，有种牛仔裤加 T 恤的感觉。

外出浴衣

浴衣才是最具日本夏日风情的外出服。

能够穿出一点盛装味道的高级浴衣，对难以很快接受罗和纱这些薄物的人来说也可大胆尝试。若要把这种上等浴衣穿出成熟女性的潇洒气质，比较推荐只有蓝白两色的款式。现在市面上有各种充满夏日情调、类似洋装大块印花的多彩花纹和底色的浴衣。一些年龄段的人不适合大红色的有衬和服，但绢红梅却能穿出清爽感觉，营造成熟女性的气质。

左 扇纹组成远山印象的绢红梅 + 麻料臙缬染带

绢红梅的魅力在于爽滑的触感和恰到好处的通透感。做上白半衿，脚套足袋，可以为唐草纹的腰带增添几分华美，适合盛装出行。去掉半衿贴身穿，搭配缟纹半幅带，还适合穿着去度假胜地的夜市闲逛。

右 格子纹绢红梅 + 桔梗纹麻染带

织入格子纹的绢红梅有着让人忘却夏日炎热的爽滑触感和清凉感，是一种极具魅力的浴衣。做上半衿，再搭配色调雅致的腰带，就成了标准的夏日装束。整体选择了淡色调、仿佛能够融入夏日夕阳的装束，还可以穿着参加夏日祭过后较为高级的餐会。

图 1

图 2

图 3

图 4

图 1：竹纹绢红梅 + 光琳流水纹腰带

不直接贴身穿，而是让领口露出一抹半衿，再套上足袋，就能搭配出和服的感觉，这正是绢红梅的优点之一。白色和服面料上印有清凉感的竹纹，再搭配光琳流水纹腰带，可以突显出亭亭玉立的气质。想贴身穿打造轻松氛围时，可以搭配博多半幅带或黑白色的贡带，系成精巧的太鼓结，再光脚穿上木屐，便能走出潇洒的步态。

图 2：松烟染小纹浴衣 + 麻料九寸染带

底色浓郁的松烟染浴衣只要加上半衿就能穿出和服的感觉。不喜欢蓝白配色的人，可以试试这种绿色。竹子和圆雀的染带还能用来搭配绸和服与麻料和服。换成黑底或芥黄色棉狭织名古屋带系成太鼓结，便是成熟女性气质的浴衣装扮。

图 3：流水和千鸟纹的松烟染小纹 + 麻料染带

使用松叶煤进行染制的松烟染有着稳重的底色，千鸟纹则带有成熟韵味，搭配手绘葡萄花纹的染带，便是一套适合傍晚聚会的装束。

图 4：源氏香花纹的奥州小纹 + 棉狭袋名古屋带

这件奥州小纹的绸感面料中有红色花纹点缀，系上朱红色棉狭带，就能搭配出成熟气质的夏日和服装扮；换成黑白色的博多贡带，则能体现风雅的气质。

小千谷缩

清爽的麻料感小千谷缩，带来清凉风雅的闲情。

麻料虽然比染制的罗和纱等面料更加休闲，但制成夏日和服却不乏魅力。此外，麻还是非常普遍的夏季洋装面料，这也让它有了可以随意穿戴的优点。而且和服用的缩麻和细麻面料，触感正好与衬衫和连衣裙的棉面料相似，因此穿着凉爽又舒适。同样是麻料，由苎麻制成的上等细麻布会更加凉爽。不过，入门者可以从缩麻面料开始，先把硬度、皱褶等麻料的特色掌握好了，让身体去适应，再根据自己的想法进行穿戴。

左 **男物小千谷缩 + 能登细麻布特色鱼鳞纹手织名古屋带**

麻料和服与白底扎染色织一样，即使在男装款式中也会出现一些极具魅力的色彩和花纹。这件略显男性气质的和服搭配了黑白两色的简约腰带，可以用薄荷蓝的带缔来进行色彩点缀，从而突出整套装束的清凉感。不管是年轻人还是年长的人都可以穿上这一套，这是这件麻料和服的优点之一。

右 **细缟小千谷缩 + 酸浆果纹麻料染名古屋带**

偏白色的麻料和服是所有和服爱好者都想一试的夏季特色装束。穿上这种和服后需要比往常更加注意里衣的搭配，并保持干净整洁。如果化妆过浓，则容易造成相反效果。散发着活泼调皮气质的酸浆果纹染带，其带垂部分的橙色可以给穿戴者的背影增添一丝风韵，在夏日的艳阳下显得分外出众。

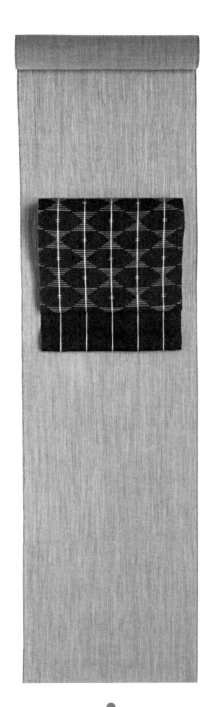

蜻蜓

带来秋日将至的气息，送走夏日的风物诗。

常用在和服上并为大家所喜爱的动物花纹应该是蝴蝶与蜻蜓了。蝴蝶纹和服整年都可以穿，而蜻蜓则是只属于夏季的花纹。上小学时，有一年暑假快结束时，我赶紧跑到后山上采集昆虫完成作业，捉到的不仅有知了，还有几只蜻蜓，这种昆虫也是秋天的信使。如今身在东京这座大都市，每年夏末已经难以寻觅这些带来秋日气息的小小信使，反倒让人更想把记忆里的乡愁化作蜻蜓花纹穿在身上。穿蜻蜓花纹的和服，既可以精心搭配腰带和小物，营造庄重感，也可以随心搭配，表现活泼的心境。

左 细纹罗小纹 + 流水和蜻蜓的夏袋带

七八月穿的薄物和服中，罗和纱的档次都很高，若只需要一件，推荐稍微休闲一些的罗小纹。不太强调庄重感的小纹花纹搭配清凉的蜻蜓腰带，穿上可以自信又轻松地参加规格较高的夏日酒会或料亭晚餐会。此外，这条腰带还可以系在上等麻料和服上，搭配成一套潇洒的外出服。

右 团扇与蜻蜓织纹的夏久留米 + 纯棉织格子纹名古屋带

这是一件以蓝底色和独特扎染色织为特色的久留米色织和服，蜻蜓和团扇的图案带着几分调皮。如果是夏季用的薄面料，则可以作为比浴衣规格稍高的外出服随性穿。除了格子纹名古屋带外，还可以搭配清爽的白底腰带，或者用西式风格的格子腰带突显个性。另外，配上淡色的带衬、带缔和纯白色半衿，就能营造凉爽氛围。

三十多年前，即 1980 年时，我为制作某杂志的企划与白洲正子女士进行了一场对谈，主题是"成熟女性以和服定胜负"。当时白洲女士七十岁，我只有三十多岁，但其中的一些谈话内容我至今仍记忆深刻。

她提议的和服对丈①穿法让我甚感兴趣，同时，她对我提出的应该经常穿棉布和服的想法表示了赞许。当时她说："就是要随便穿，穿得多了就能习惯了。"这句话让我印象非常深刻。

白洲女士十四岁到十八岁期间在美国上学，但早在四五岁时便已经开始了能乐练习。因此，她很早便习惯了和服的穿戴，并没有把和服跟洋装刻意分开考虑过。对白洲女士来说，当时日本人穿和服的生硬姿态应该会让她格外气愤吧。毕竟，和服可是日本的传统民族服饰。

---

① 对丈：江户时代之前的女装和服皆为量体裁衣，称为"对丈"。江户之后的女装和服则在剪裁时留有余量，穿戴时将余量折入腰间以调整长度。

　　棉布在江户时代是平民的和服面料，以现代服装作比，就相当于牛仔面料。从明治时代到昭和初年这段日本人几乎只穿和服的时期，棉布和服是人们的日常装束，也是劳作服。我们都希望现代人能够让身体重新体会到和服的魅力和味道。另外，棉布和服打理起来非常简单，可以自己在家清洗。经过无数次水洗的棉布和服，越旧越贴合身体，必定能成为让人爱不释手的至宝。不仅如此，只要厚度和气温适中，即使是单衣形式的棉布和服也能全年穿戴。如今回想起白洲正子女士的话，我越发认同棉布和服应该经常穿，随意穿，让身体习惯和服的感觉。

　　另外，九月也是单衣的季节，希望大家能找出六月穿过的单衣，搭配不同的腰带和小物，穿出初秋的味道，并体会其中隐藏的乐趣。

棉布

随意而休闲的棉布，可以作为日常服装反复穿戴。

想必有很多人虽然穿过浴衣，但对是否要更进一步穿有衬和服会心怀犹豫，主要应该是出于预算以及绢和服比较难打理等方面的顾虑。此时可以选择棉布和服作为浴衣与有衬和服之间的过渡。不久前，棉布单衣还是全体日本人都在穿的日常服饰。在许多老照片里都能看到身穿深蓝色短款扎染色织和服、顶着一头圆寸的少年身影。他们就是穿着那种衣服在山上疯玩的。那个时候，人们甚至会在冬天内穿加厚里衣，外面套穿棉布单衣。

左 鸟纹夏久留米色织 + 格子小袋带

久留米色织是一种采用扎染色织工艺的纯棉面料。然而，由国家级工艺大师制作的本蓝染和细腻扎染花纹的手工编织面料，动辄要一百万日元以上。如果想体会久留米色织本身作为日常服装的魅力，可以选择这种质地较薄的夏久留米。半幅小袋带不要系成文库结，而是系成能够露出底色点缀的贝口结，这样便成了一套成熟气质的外出服饰。

右 格子纹片贝棉 + 印度尼西亚色织名古屋带

这种格子和服可以像洋装的格子纹衬衫裙一样帅气地穿戴。虽然花纹淡雅，印尼色织腰带的稳重色调和花纹却能够点亮整体，增添一份韵味。想穿出随意感觉时，可以搭配粉米色的带衬和摩卡色带缔；换成抹茶色带衬和接近黑色的深蓝色带缔，则能营造出秋日即将到来的凉爽、恬淡的意境。

家庭派对

可以穿去休闲聚会的朴素感棉和服。

棉布的优点在于，只要季节合适，它就能像牛仔裤一样一直穿下去。还不习惯的时候可以系半幅带，有点凌乱了也完全不用担心，因为唯有棉布这种面料可以承受这种穿法。穿上它可以像过去的人一样打扫房间，下厨做饭。需要外出时，只需披上一件格子呢的披肩就能变得十分可爱。如果参加家庭派对，可以选择颜色比较鲜艳的半幅带或活泼明亮的名古屋带。套着烹饪服迎接客人，到上菜时换成轻松随意的和服姿态，其中乐趣值得体验一番。

缩纹近江棉 + 泰国丝半幅带

间隔不同的蓝渐变色缩纹是永远都不会令人厌倦的美丽花纹。将面料穿习惯之后，它就会成为让人想一直放在身边的宝贝。如果搭配富有个性的蜡染古董更纱带等腰带，就是一套适合外出的休闲装束。这里搭配了色彩鲜艳、对比强烈的泰国色织半幅带，组成一套让家庭派对气氛更加愉悦的装束。

稻草人久留米色织 + 棉狭织名古屋带

久留米色织有着朴素的风格和花纹，让人穿得越久越爱不释手，是一种传承了日本传统、许多人都想一试的面料。此外，它的魅力还在于不做作的随意感。这件久留米色织符合了本蓝染纱线手织的特色，清晰的白色纱线组合成富有特色的稻草人花纹。可以搭配不同色彩和材质的腰带，体会超越季节的百搭乐趣。

腰带之趣

以个性强烈的腰带为主角，搭配一套有格调的摩登装束。

最适合推荐给希望轻松玩味腰带搭配乐趣之人的面料，是印度的纱丽服面料和现代更纱布。它们与洋装面料有着不同的花纹和质感，非常适合搭配单衣织和服。特别是具有通透感的面料，还能够用来搭配薄物和服。想把单衣穿得更加随性的人，还可以选用洋装面料和内饰面料的腰带，虽说并不能搭配所有和服，但绸单衣、棉布和服、简约唐草花纹的染单衣却与之十分搭调。用这种充满个性的腰带搭配简约的和服时，需要比平时更注意穿戴方法，还要注意不能选择过于随意的小物，才能穿出气质。

ⓕ 草木染绸和服＋古裂①印度更纱名古屋带

一件素色感的绸单衣可以在季节过渡时穿戴，能起到非常重要的作用。这种和服既具有染和服与织和服的玩趣，又能够搭配各种材质的腰带，从而打造出自己独特的风格。天然底色织入红色细腻缟纹的绸和服采用了添加茜草与赤杨的草木染工艺，整体有种柔和的素色感，与各种腰带都非常搭。

---

① 古裂：指江户时代以前从外国进入日本的金襕、缎子等古布。

腰带

先找到喜欢的面料，再选择腰带。

图 1

佩斯利纹的现代纱丽布腰带，既可以搭配夏季的罗料和服与麻料和服，也可以搭配纯棉缟纹和服营造出休闲感。

图 2

印度现代更纱腰带。日本的更纱其实是在室町时代从印度传来的。

图 3

尤根·勒尔纯棉印花内饰面料制作的腰带。老式连衣裙和包袱皮之类非和服与腰带专用的面料，只要有好的颜色、图案和质感，也能灵活地利用起来。

图 4

这条腰带由尤根·勒尔用 20 世纪 80 年代的服装面料制作而成，人造丝拔染水玉印花的搭配效果非常出彩。

图 1

图 2

图 3

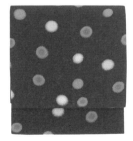

图 4

色织御召

让人心动的可爱，摩登感十足的色织御召。

这种面料是江户时代将军穿的面料，因此被称为"御召"，可见这是一种上等的绢织物。直到昭和中期，它都经常被用于制作女性的外出服。说到这里，应该有许多人会联想到女学生用来搭配袴裤的矢状扎染色织御召和服。那种摩登色调的色织御召虽然色彩艳丽，却不失织物特有的庄重感。每年九月穿单衣的季节，御召可以作为带有一点休闲气息、格调恰到好处的外出服穿戴，这也是其魅力所在。在单衣季节尽情享受穿戴之趣后，还可以加一层内衬继续穿。将它穿在色调沉重的冬季大衣里面，还能体会到与单衣截然不同的韵味。

左 矢状扎染色织御召 + 织名古屋带

矢状扎染多使用两种颜色，细腻的花纹给人一种特别整齐的印象，同时具备了多色扎染的摩登和轻快感。衔接和服与腰带的带衬可以选择比较厚重内敛的深色调。这里搭配的腰带留白较多，因此带针和三分纽①发挥了点睛作用。穿上它，可以在阳光还比较强烈的九月以潇洒的步态穿行于大街小巷。

右 色织御召 + 染名古屋带

虽是传统的色织御召，其色调明亮和分布均匀的不规则扎染却散发着青春时尚的气息。刻意搭配以金彩点缀的内敛风格腰带，可以强调整体格调。搭配与扎染同色调的三分纽和带针，则能强调御召特色。这是一套适合在九月的秋夜参加盛大集会的装束。

---

① 三分纽：使用带针时，用来代替带缔的绳子。

染缟

将柔软的染缟和服，穿出清爽优雅的气质。

缟和服的优点在于，无论是棉布还是绸布，都可以在暑意渐浓的初夏和秋风乍起的残暑毫无违和感地穿戴。另外，它还比不规则花纹和细腻花纹的和服更容易搭配腰带。绸和御召的缟纹虽然魅力十足，若还想置办一件纯棉的缟纹和服，请务必尝试一下染缟。染缟与江户小纹的万筋纹一样，纹样越是细腻，其规格就越高，不适合随意穿戴。不过，较为粗犷的波浪状缟纹却显得柔和亲切，还能通过搭配腰带轻松强调季节感。

⒧ 醉缟①小纹 + 黑底丸纹名古屋带

醉缟即使是明快的色调也显得气质温和，是比较百搭的花纹。它具有外形规则的织缟所没有的迷人气质，搭配庄重内敛的腰带，可营造出恰到好处的雅致氛围。九月入秋时可以搭配有衬和服用的腰带，而六月则搭配凉爽的单衣用腰带。这件接近白色的淡粉底色和服，其底纹是非常细腻的醉缟，因此有种难以言说的魅力。

⒭ 臈缬染小纹 + 染名古屋带

这件和服的底纹是富有光泽的波浪立涌，搭配了同属一系又不失华美的染缟纹。它作为单衣季节的外出服会十分方便，臈缬染的柔和线条为缟纹增添了一丝温柔。即使是同一条腰带，将带衬和带缔换成淡雅的色调，便能组成一套适合六月的装束。

---

① 醉缟：指形状不规则、呈波浪形起伏的缟纹。

神无月

秋季是茶会的季节。说到茶会，就会联想到各种规矩，那种场合明明最能体现出和服之美，却还是有人对其敬而远之。其实，虽然都叫茶会，但也会细分成口切①和初釜②这一类规格较高的盛装茶事，以及大寄席③和野点④这样较为随意的场合。而且，主事者和访问者的装束也不一样。现在很多人都会学习点茶，完全可以向点茶老师请教如何着装。

那么，没有学习点茶却很想穿和服出席朋友招待的茶会，或者参加闻香会和能乐堂举办的能乐会这类在"和"式空间里进行的正式聚会，该如何选择自己的着装呢？

过于奢华的装束明显不符合茶会的精神，曾经有过在茶会不可穿全绞染和服的观点，不过到了现在，那种僵化的看法似乎已经消失了。比

---

① 口切：十一月切开当年新茶的封口，当场以石臼碾茶煮茶的仪式。
② 初釜：新年第一次将茶釜放在炉上煮水奉茶的仪式。
③ 大寄席：曲艺场。
④ 野点：露天茶筵（野外的茶会）。

那更重要的，是重视自己想要穿和服的心情，以及鼓起踏出第一步的勇气。当然，如果有人可以提供建议，也要注意倾听那个人的话。

对和服产生兴趣后，务必要养成平时注意观察的习惯。现在，一年四季都可以在街上看到穿和服的人，观察时无须考虑那些人究竟比自己年轻还是年长，而要关注和服与腰带的颜色和穿戴方法。在这种反复观察中，自己的和服观念会一点点变得清晰起来。还可以注意电影和电视剧中的和服形象，以及自己喜欢的小说里出现的和服描写，等等。除了现实中的和服，还可以借鉴电影和小说中经他人之手描绘的和服形象，或可帮助自己确立起穿戴和服的正确心态。

聚会席上

穿上有规格有档次的小纹，去参加茶事。

至今仍有很多人认为，开始学习点茶后，应该置办一套无花纹的和服。可是作为被招待的一方，最为推荐的还是江户小纹。在茶席这种展示和服的场合，被称为"极纹"的细花最能发挥其魅力，因为这样的花纹具有素色和服所缺乏的微妙韵味，能够衬托穿戴之人的气质。若是比较大的花纹，只要是颜色稳重的小纹和袋带这种搭配，也能提升格调。虽然避免过于华美、注重协调才是茶道的用心之处，但无须拘泥于一味的收敛，大可用恰到好处的华美来增添乐趣。

左 鹿斑市松小纹 + 盐濑染名古屋带

用白色和茶色这两种内敛色调表现出大块的市松纹，成就了这件华美、干练的小纹。地锦图案的染带装饰胡粉与金箔，属于染带中规格较高的一种。尽管颜色低调，但古典市松纹的尺寸和带衬、带缔上点缀的红色让整套装束平添了一分京都和服特有的风情。换成颜色华丽的织带，即使在正月和庆祝宴会等场合也能展现出雍容雅致的美感。

右 横段小纹 + 刺绣名古屋带

虽然色调淡雅，但褞子面料的光泽和大胆的花纹让这件小纹有了接近付下和服的感觉。缩缅材质的腰带上有着立体感的刺绣。两者搭配成了一套即使在派对上也能备受瞩目的装束。带衬和带缔等小物的色彩起到了点睛作用，袖口露出的一点长襦袢的颜色和花纹也要注意衬托和服。

付下

有品有格的外出装束，值得重用的和服。

付下和服是因战争时期禁止穿戴华美访问服而出现的替代品。到了昭和三十年代（1955年—1964年），它一度成为人们最为重用的和服并流行起来，后来虽然经历过短暂的低潮期，但现在又作为充满时代感的传统和服重新进入人们的视野。它不像访问服那般盛大而夸张，还能用作简礼服，无疑充满了魅力。付下和服的花纹多为御所解这种上下位置很明显的古典纹样，但如果是摩登而清爽的不规则花纹，也具有类似洋装几何印花的轻松感。即使是对古典花纹敬而远之的人，或许也会对这种款式产生兴趣。

ⓛ 几何花纹付下 + 威廉·莫里斯袋带

粉彩色调的淡色摩登花纹中加入了金线刺绣，虽然颜色稍显甜美，但搭配鲜明的纹样则给人一种清爽的印象。英国设计师威廉·莫里斯创作的植物纹样放到腰带上，竟意外地与和服十分协调，散发出了毫无违和感的魅力；而换上以橙色为主色调的腰带，又能在花园派对等场合展现出不输礼服裙的时尚与华丽。

ⓡ 木贼纹付下 + 威廉·莫里斯袋带

紫色底色有效地衬托了金银花纹，带有温婉安静气质的同时突显了格调。搭配织入蒲公英等可爱花草图案的腰带和起到点缀作用的带缔，便是一套成熟又活泼的美丽装束。换成吉祥纹样的白底织金银线袋带就能提升规格，可以作为简礼服自信地出席婚宴等场合。

茶会

从观剧到盛装场合都能自信穿戴的典雅小纹。

经常有人以为很小的花纹就叫小纹，其实这与花纹的大小没有关系，小纹的真正定义是重复型染花纹的和服。这种和服很好搭配腰带，其魅力在于，根据选择腰带的不同，可以适合各种场合穿戴：搭配名古屋带是一套轻松随意的装束，搭配袋带则是一套规格较高的外出装束……虽然有些人认为自己只适合现代服饰，但和服毕竟是日本的传统民族服饰，只要用心选择底色，就无须担心它不适合自己。这便是单一剪裁，为适应日本人的脸型和体型演变而来的和服的强势之处。

左 染鹿斑小纹 + 御所解纹样染名古屋带

这件和服的鹿斑纹用特殊染制技法表现出绞染效果，其几何纹路散发着典雅魅力，整体感觉清爽而百搭。系上淡色调染带，以深色带缔整合全体印象；换成织入金银线的黑底或白底袋带，还能营造出适合欢庆宴席的华美气质。

右 松叶七宝细花江户小纹 + 古典纹样袋带

极纹细花中规格最高的当属松叶七宝，穿上它可以非常放心地参加茶席等隆重正式的场合，还可以通过印染家纹让规格再上升一个档次。搭配古典传统花纹的袋带，可以给人一种庄重严肃的印象。换上黑底花纹鲜明的染带，又是一套休闲的装束。简单来说，通过腰带和小物的不同搭配，可以体会到无穷无尽的乐趣。

市松

超越了和式美学的摩登市松纹。

　　我本人非常喜欢市松纹，有一段时间甚至任性地认为就算让别人误会我只有一件和服，也一定要把自己那件泥染市松大岛绸穿在身上。如此深得我爱的市松纹原本叫作石板纹，因为江户时代的一位歌舞伎艺人——佐野川市松很喜欢将其用在自己的服装上，便渐渐被人叫成了市松纹。虽然很多人觉得它是一种日本传统花纹，但仔细一想，西方的方格旗上其实也是市松纹，尤其是黑白两色的市松纹更给人一种摩登又极具绘画感的印象，可谓东西方通用的花纹。而这一点，或许就是将市松纹用在和服或腰带上，能够表现出既古典又现代的魅力之缘由。

左 **泥染市松纹大岛绸 + 缩缅栗子图案染名古屋带**

　　觉得素色感的和服略显平凡，但又对大岛绸个性十足的特色龙乡纹心怀犹豫的人，可以试试市松大岛绸。这种尺寸的花纹足够百搭，很好搭配腰带。图中这条富有季节感的染带与和服的紫底色搭配起来十分协调，是一套最符合秋季风情的装束。

右 **稻垣稔次郎复刻鹿斑霞纹石出草小纹 + 黑底衬白金与红金市松袋带**

　　这条市松腰带在黑底色上拼接了两种色温不同的金色，以其奢华感为特色。它有着足以搭配振袖和访问服的高规格之美，能够与花纹极具个性且比较难搭配腰带的小纹和较为复杂的古典纹样完美配合，成为一套让人印象深刻的装束。

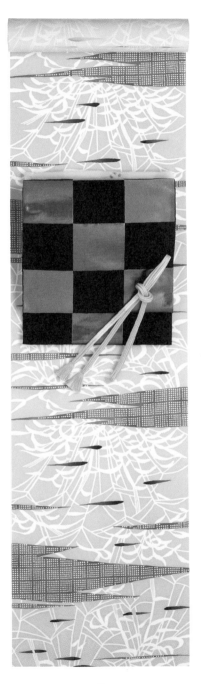

霜月

　　每每听到"红叶狩"这个词，我就会不由自主地想到过去日本人的丰富内心世界和文化高度，因为他们不仅会赏花，还将欣赏红叶的精神完美地融入了这个词汇中。由此我又重新认识到，穿和服也是将季节穿在身上。

　　现代社会，人们在日常生活中穿和服的机会越来越少，许多人都会回避过于受季节限制的纹样，无论是染和服还是织和服都倾向于选择素色感的搭配，推崇与洋装相同的摩登穿法。可正因为我们身处现代，在穿和服时才更应该带着不惜稍微奢侈一些的想法，搭配出重视季节感的装扮。如同洋装注重百搭的考量固然很好，但我还是希望大家不要遗忘对那些唯有特定季节才能穿戴的和服视若珍宝的心情。

　　此外，在寻找专属每个季节的和服时，无须从一开始就认定价格高昂的崭新款式，从二手商品中寻觅也不失为一种方式。虽然和服分尺寸，并非所有人都合身，可是腰带却不一样，就算短了一些，也能在看不见的那一部分拼接布料将其加长，因而寻找起来难度会小很多。有时还能遇到完全不同于现代风格的、由大胆的颜色和花纹组成的红叶腰带呢，这种腰带可以把素色感的绸和服与小纹和服也装点成相应季节专属的和服，蕴含着无穷魅力。

　　另外，和服之旅还是和服爱好者的梦想之一。逐渐习惯和服穿戴后，在秋天赏红叶或者探访日本四季之旅时，就会特别想穿和服。如果目的地是京都和金泽这样的古城，则更是如此。尽管和服对身体动作的束缚要甚于洋装，但身穿和服行走在保留着日本唯美韵味的旧日街道上，那种风情是无可替代的。完全融入小镇的气氛里，让自己成为风景的一部分，那种切身感受一定会让旅途变得更加值得回味。

小旅行

一件绸和服，两条腰带，实现憧憬已久的和服之旅。

住宿一两晚的国内旅行，若要优先选择行动方便、无须担心起皱的和服，首先考虑的便是大岛绸。可以选定一件基本和服，再准备两条腰带，此时还要准备替换的带衬、带缔和穿在身上的带衬、带缔，一共两组。如此，就能让同一件和服通过搭配不同的腰带展现出不同的风采。在旅途中，半衿最好也选择比较耐脏的有色类型。另外，觉得自己不适合绸和服，比较喜欢也比较适合染和服的人，还可以选择染绸。小纹样不会过分细腻，充满动感的花纹与绸的质感十分相衬，即使沾上小块污渍也看不太出来。

左 绸质地小纹 + 平织博多贡带

虽说是旅行，也不想一直穿注重功能性的休闲服装，有时也会想穿出和服独有的优雅气质。而能满足这个贪婪愿望的，便是这件花纹恰到好处的绸质地染小纹。它比缩缅质地的小纹穿起来更轻松自在，衬托出的步态也更为轻盈。和服上的唐草花纹还散发着华美气息，只要准备一条颜色鲜艳的纯色腰带，就能在高规格的场合自信十足地展现自己。

右 纵横扎染大岛绸 + 袋带

大岛绸虽然被认为是最适合旅行时穿的和服，但有时并不一定能马上找到自己喜欢的款式，因此平时就要留意，比如将扎染大岛绸设为目标，有事没事就去吴服店看两眼也算是方法之一。用来搭配这件手织纵横扎染正宗大岛绸的，是一条色调内敛的俏丽袋带。再备一条红底更纱染带，就能出发去进行住宿一两晚的旅行了。旅途中可以尽情享受和服与腰带的搭配之趣。

绸

朴实的气质和温暖的魅力。

现在与过去不同，绸和服已经没有了日常服饰的感觉，而成了盛装外出的装束。我听说，有不少人的第一件和服就是绸和服，而且现在比较流行的似乎是洋装感觉的素色感绸和服与单色腰带搭配出的冷艳感穿法。既然如此，请务必精心挑选色调内敛的绸和服，咬牙买下自己喜欢的款式。但是，腰带要选择与年龄相符的华丽款式。还有人讲究织和服搭配染带，其实在这方面自古以来都是自由搭配的，一般是从颜色、花纹和规格的平衡来进行选择。而且即使到了六十岁，只要改用内敛的腰带搭配常年穿戴的绸和服，又能成就一套风格截然不同的装束，这便是和服的真正魅力。

⑤ 草木染伊那绸 + 袋名古屋带

使用苏木和山樱加工而成的草木染绸面料，混合了在不同光线下会展现出不同色感的黑、茶和深灰，其细腻的色调让这件和服独具魅力。而且，这件和服的颜色很衬肤色，是一件可以从小穿到老、非常值得珍惜的好货。在这里，我搭配了突出年轻活力、色调大胆的织带；若换成色彩柔和的更纱染带或古典纹染带，又能穿出典雅雍容的气质。

⑥ 草木染饭田绸 + 名古屋带

这是一件使用了核桃、苏木、松枝等材料染制的绸和服，远看仿佛素色的细腻格子纹给和服平添了一丝韵味。将用于袋带的高规格色彩和花纹装饰在名古屋带上，让绸和服也能有种盛装的感觉，还可以用能衬托和服底色的粉色系带缔增添华丽感。若将腰带换成红型或摩登花纹的染带，又成了一套休闲而帅气的装束。

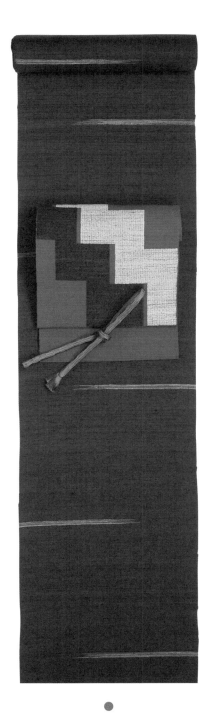

色彩柔和的绸

秋日当选色泽美好而华丽的绸和服。

由于价格高昂而让许多人敬而远之的大岛绸和结城绸，随着不断穿戴会越来越贴合身形，从而散发出全新的魅力，并让人越发爱不释手。现在，著名产地出产的和服不仅有和服爱好者才会出手的高价商品，还出现了越来越多价格亲民的种类，可以从中选择既具有绸和服独特风格，又能体会盛装出行乐趣的款式。有人在搭配绸和服的花纹和腰带时似乎容易不知所措，其实在过去，这种和服才更具日常感。因此，把它穿在身上应该不会有违和感，请各位务必尝试一番。对于秋季来说，色彩略显明亮的和服只要搭配黑色或深蓝色的披肩，就能融入季节。另外，搭配大块的格子披肩也是一个不错的选择。

❺ 结城绸 + 七宝连纹盐濑染名古屋带

和服爱好者钟爱的色泽柔和的结城绸和服，搭配七宝吉祥纹样的盐濑染带，便是一套规格较高的装束。这套冷色调的搭配可以巧妙运用小物的色彩来增添韵味，搭配粉色系小物能够彰显出华丽气质，换成茶色系更纱染带便是随意休闲的装束。

❻ 秦庄绸 + 花唐草染名古屋带

虽然和服与腰带同为白底，但花纹的颜色和大小搭配得比较协调，穿在身上能体现出巧妙的节奏感，是一套华丽的装束。搭配红绿色小物，能营造出圣诞节气氛；若将腰带换成留白较多的染带，便能摇身一变，穿出成熟女性的优雅气质。

枫

叶片颜色与大小可以搭配出无数可能的枫叶和服。

许多人都会下意识地使用"红叶"一词，其实严格来说，只有秋季的枫叶才能称为红叶。因此，绿色的枫叶还能作为春天赏花时期的和服花纹。颜色存在各种变化、形状也格外独特的枫叶自桃山时代起，便成了和式服装的常用花纹。它被广泛应用在和服、腰带和小物上，属于具有代表性的植物纹样之一。直到昭和中期，还能看到许多将绿色枫叶和赤色、黄色红叶组合起来，能够在春秋两季随心穿戴的和服与腰带。将和服这种单一剪裁的服装通过纹样来划分季节搭配，这其中蕴含着日本独有的审美观念。

ⓛ 文久小纹 + 吉野格子袋名古屋带

乍一看像一道道纵线的竹与藤，其中穿插樱花，枫叶中还填入了七宝和青海波等吉祥纹样，属于一件花纹喜庆的小纹。搭配相传元禄时代岛原名妓吉野太夫穿在打褂上的吉野格子纹腰带，显得个性十足。腰带上的金色格纹给这件文久小纹增添了一份带有些许凛然的华丽。这是一套适合在歌舞伎等不强调规格的活动场合穿戴的迷人装束。

ⓡ 付下 + 红叶、菊、竹纹袋带

这件付下和服与搭配的袋带并没有整体突出红叶，而是将四季的主题以刺绣的手法均衡表现出来。如果是规格高的和服，建议选择较为内敛的花纹，保证在其他时节也可以通过搭配来融入季节，这样就能增加穿戴的机会。比如在绿意始萌的季节，可以着重搭配绿色系的小物。

师走

　　有一场派对让我至今难忘。当时我还在上大学，到交换留学生寄宿的朋友家参加过一场圣诞节派对。有个平时很低调的朋友，那天穿了一身大正摩登花纹的艳丽铭仙和服。那件和服不仅非常适合她的气质，也很适合家庭派对的轻松气氛。不用说，在场的美国留学生们看到她都十分兴奋，整个派对的气氛顿时热烈了不少。就是从那时起，我开始觉得在圣诞节穿和服也挺不错的。那位感觉与平时截然不同的朋友的身姿，有着让人满心喜悦的新鲜感和魅力。

　　后来随着时代的变迁，人们重新认识到和服的魅力，越来越多的人开始穿和服，这让我感到很高兴。尽管如此，对年轻人来说，小纹和服中其实也存在大花纹、腰带有袋带和名古屋带的区别之类的细节，似乎显得有点烦琐。由此可见，大众还比较缺乏与和服有关的知识。

　　不过，以家庭派对为代表、从圣诞节到年末这段频繁举行盛装聚会的时间，是无须过度拘泥于和服的穿戴规范，可以大胆挑战各种搭配和色彩的绝佳机会。尽管如此，身为一名成熟女性，即便要挑战比平时更加鲜艳夸张的装束，也要注意避免过分放任自己，以免画虎不成反类犬。另外，我还希望人们能够重视和服对季节感的特有体现。

　　圣诞节的气氛可以通过带衬和带缔的颜色来突出。至于是穿染和服还是绸和服，则要根据现场照明和面积，以及派对的规格来决定。由于会受到色泽和光泽的影响，染和服并不一定就是规格较高的装束；若和服偏向纯色，则应选择较鲜艳的颜色。至于花纹，黑白两色的大胆花纹远看给人的印象最深刻。还可以用小巧而华丽的提包和大一号的提环进一步装点圣诞节的欢乐气氛。

圣诞派对

以季节限定的腰带为主角，搭配出热闹华丽的装束。

首先值得选择的是季节感十足的染带。与积雪竹、樱花纹不同，女儿节和圣诞节的花纹应用时间相对有限。不过，如果遇到了自己喜欢的花纹，还是可以置办一条。毕竟这种染带从月初开始就能用作搭配，又能在每年的这个时节给自己增添优雅的魅力。在动脑筋考虑不同搭配时，还能帮助自己进一步熟悉和服的世界。若非季节限定的腰带，则可以挑选能让人感受到圣诞节气氛的款式。相比古典纹，更纱和几何花纹应该更容易穿出节日气氛。若是古典纹，反倒应该选择色泽沉稳的腰带，转而用红绿色的带衬和带缔突显圣诞节气氛。

ⓛ 绸和服 + 看起来像圣诞树花纹的更纱名古屋带

色泽柔和的绸和服远看带有一种华美气质，适合出席派对时穿。系上没有织入金银线也能依靠颜色和花纹突显圣诞气氛的腰带，就能让你从身着晚礼服的人群中脱颖而出。细心选择更有节日气息的、较为夸张的长襦袢和小物，这个过程也能让人心情愉悦。

ⓡ 圆底纹金色小纹 + 圣诞花纹染带

唯有和服才能带来搭配季节限定腰带的乐趣。进入十二月，这条腰带可以先搭配在较为低调的绸和服上，强调腊月的氛围。若是参加派对和忘年会，可以大胆换成能够突出腰带特色的和服，让腰带成为全身装束的主角。有了这条腰带，应该会让人每年都对十二月的到来期待不已。

古董和服

华美绚丽，色彩缤纷，大胆尝试这种晚礼服裙般的和服。

我们可以以合适的价格入手古董和服，不用注重尺寸，自由地穿戴，但还是要注意不要显得过于廉价。既然要穿古董和服，就应该挑选现代和服所没有的颜色、花纹和气韵。比如从圣诞节到正月这段时间，用来参加派对和新年宴会这些欢庆场合的华丽和服。只要用心寻找，就会发现日本和服色彩丰富，花纹大胆而品位十足，同时染制工艺和刺绣工艺也让人眼前一亮。就算是打算购买全新和服的人，也可以通过欣赏古董和服来锻炼自己的眼光。

⑥ 晕染花纹访问服 + 紫色拼绿褐色晕染市松纹腰带

这件访问服有立涌底纹，留白处给整体增添了温柔幽雅的气韵。搭配色彩晕开的腰带，突显出优雅气质，毫无疑问会让穿戴者成为盛装宴会的主角。

左 粉底白色大牡丹小纹 + 绿底铁线花腰带

　　让人联想到大正的鲜艳色调和大胆花纹，使这件和服具有超越晚装裙的气场。用深绿色腰带收束整体，灵活运用现代和服所没有的小振袖长度，让人举手投足间散发出迷人魅力。这套装束完全可以让人满怀自信地穿在身上。

纯色

用腰带打造不同风格，万能百搭的纯色和服。

纯色和服只要附上家纹就成了与访问服同规格的礼服，一些颜色还适用于丧葬场合。在那个人人都在嫁妆中准备一件纯色和服的时代，人们普遍会挑选底纹和颜色较为内敛的款式，而到了现代，应该可以选择使用范围更广且自己穿起来也高兴的款式吧。这种和服只要附上家纹便能提高规格，因此可以选择刺绣加贺纹或无纹，以此来提高穿戴的频率。至于色彩，春天可选择明亮的颜色，而冬天选择暗沉的颜色比较合适，但首先应该选一件颜色百搭的和服进行尝试。对季节感的讲究，可以通过腰带来展现。

左 桐竹凤凰巢笼底纹纯色和服 + 雪轮花纹袋带

这件和服虽然颜色低调，其底纹却是欢庆场合专用。只适合年轻人的漂亮颜色固然很好，但这种艳丽底纹的和服最好选择能够让人自信穿戴的低调颜色，再大胆搭配腰带，享受穿搭的乐趣。这里选择的腰带是远看也十分引人注目的金边雪轮花纹袋带，既华丽又格调高雅，能够突出成熟女性的气质。换成没有金线的织名古屋带，又能参加轻松随意的聚会。

右 缩缅纯色和服 + 庆长纹染京袋带

这是一件没有底纹的纯色和服，不过缩缅本身自带光影，而且穿在身上触感柔和。最值得期待的还是它作为突出和展示腰带的和服这一功能的魅力。适合各种场合的淡粉色和服搭配华丽的染带，就成了一套派对装束；搭配织金穿银的袋带，就能参加气氛轻松的结婚仪式；换成色调稳重的腰带，又能参加茶会等场合。由此可见，它是一件万能的和服。

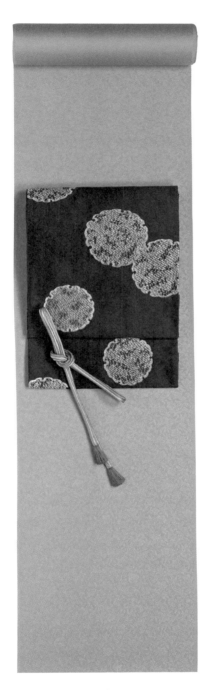

雪轮

冬日的风物诗，由白雪演绎出的细腻旋律。

要说这个季节的传统和服花纹，第一位当属雪轮。据说，雪轮是从积雪花纹演变而来的。而积雪花纹中，最具代表性的就是经常能在染带上看到的积雪竹花纹。从积雪竹花纹中抽取出雪的部分，对其进行抽象化加工，就成了雪轮。这种花纹不讲究年龄，因此人们更容易遇到自己喜欢的款式。最适合将其推荐给想要穿出冬日季节感的人。另外，它也会被用在夏季罗和服与腰带上，以突出清凉感。

🄛 纹纶子质地配大小雪轮的小纹 + 雪轮袋带

和服与腰带使用同种花纹，一般来说是比较难搭配的，但像这种花纹大小和表现方法差别较大的款式，却能搭配成一套富有魅力和统一感觉的装束。特别是这条腰带，前面部分是雪华纹，起到了点睛作用。这件和服虽为小纹，在纹纶子面料的底纹上用染鹿斑晕染出的大小雪轮却显得华丽喜庆，可以穿出访问服的韵味，这也是其优点之一。

🄡 臈缬染小纹 + 雪芝纹名古屋带

与圆形雪轮不同，带有绘画感的雪芝纹不仅现代又摩登，其色调还有着日本典型的缥缈感。这条腰带与温婉易搭的深色小纹可以搭配成一套突显优雅气质的装束；搭配淡色和服，又成了充满春天气息的装束。由夸张化的雪轮进一步抽象而成的雪芝纹，是各个季节都能使用的花纹。

年末派对

风雅凛丽，潇洒的小纹。

说到派对，有人会不假思索地选择色调夸张的和服，但这里要着重介绍面向和服资深爱好者的色调朴素的和服。其中染和服选用了细腻的格子纹和大幅不规则花纹，染格子有着与纯棉和绸格子不一样的风雅感觉，适合搭配华丽的花纹和更纱纹样的腰带，穿上身格外引人注目。此外，不规则花纹做成和服以后，与还是布匹时看起来的感觉不同，更增添了一丝活力。这与在女性圆润的身体上进一步营造立体感的洋装不同，能让大花纹也显得非常自然。而腰带可以巧妙地分开上下花纹，更增添了跃动的美丽。如此一来，即使是朴素的颜色也能够穿出华丽气质，因此其应用范围非常广。

左 里菊小纹 + 袋带

用略带浓胭脂色底蕴的茶色，染出了将菊花反面抽象化加工后的花纹。看到这里，不得不为日本的设计之力脱帽致敬。如此大胆的不规则花纹，正因为它没有被印在付下和服上，才显得尤为帅气。搭配奶油底色的袋带，就能穿出冷艳华丽的气质。这样的搭配在十二月可以穿去观剧或参加派对，应用范围很广。

右 格子纹小纹 + 盐濑染带

如果衣柜里能有一件在缩缅面料上印染格子纹的小纹，很多时候就不愁搭配了。与纯棉和绸的格子纹不同，它有种淡然风雅的感觉。腰带上乍一看如同牡丹的十八学士茶花，能在寒冬里衬得人与众不同。另外，还可以在春天搭配樱花腰带和蒲公英腰带，在初夏搭配藤花腰带等，体会搭配不同腰带的乐趣。

后　记

　　在决定将五年之间每月一次的杂志连载汇集成一本书时，我曾经听到过"五年前的东西会不会显得过时？"这样的疑问，但我坚信"这些都是和服，不需要担心"，于是便利用一月到十二月的自然月份流转，稍微将介绍顺序打乱，编成了这本书。

　　和服与腰带，我们要从两者的无限搭配中，选出自己喜欢的一组穿在身上。当然，带衬和带缔的作用也十分重要。要想找到整体都符合理想的一套装束，有可能会难于登天。但正因如此，我们才能从中得到不断寻觅的喜悦。希望这本书能够起到一点小小的辅助作用。

　　我本人更偏爱古典装束，因而会更多地选择被称为典型的颜色和花纹。我时常会想，正因为那些都是在漫长的时光中经过不断打磨而趋于完善的古典色彩和花纹，才不会经过短短的年月便沦为过时之物。即使我年轻时总喜欢穿与年龄不相符的朴素和服，但挑选的都是符合上述想法的搭配。

如果没有一直提供支持和帮助的和服店，这本书是不可能出现在我们面前的，因此我要借此机会，向各位表达由衷的感谢。大家总是在有限的时间里，想办法解决我提出的各种难题，这份感激，我会一直铭记于心。

此外，还要感谢为我们拍摄了美丽内页照片的摄影师 John Chan，以及总是能将和服与腰带配搭得格调高雅而美丽，并时常提出可行性建议的本多惠子女士。另外，与在《费加罗》（日本版）连载时的历代责编——原田奈都子女士、饭岛摩美女士、木原绘美女士、森田圣美女士的合作经历（尽管有时也会经历挫折），也使我满怀感激。

本次成书，还要特别感谢 CCC 媒体之家图书编辑部费加罗丛书责编小林薰先生，以及从本书策划到设计一直参与其中的 L'espace 若山嘉代子女士。

原由美子

2015 年 12 月

和服与腰带索引

纹样索引

协助拍摄

青山绘里华：59 左、129 右、139 右（和服 & 腰带），169 左（和服）

灯屋 2：23 左、83 左、135 图 1/ 图 2（腰带），31（和服 & 腰带）

awai：157 左（腰带）

阿波屋：33 图 2（草履）

城市游牧：135 图 3/ 图 4（腰带）

衣裳乐屋：41 右、57 左（和服 & 腰带），123 左（和服）

伊势丹新宿店：17 左、99 左（和服），63 左、114 图 3（腰带），73 左、103 右、118 图 4、131 右、137、177 左（和服 & 腰带）

岩佐：33 图 4（草履）

Vulcanize 伦敦：93 图 2/ 图 3（伞）

带屋舍松：55 左、99 左、123 左、169 左（腰带）

株式会社川岛织物店：7 左、163 左（腰带）

和服创玉屋：39（和服 & 腰带）

和服白：55 右、87、139 左、145 右（和服 & 腰带），11 图 3/ 图 4（长襦袢）

和服和处 东三季：25 右、131 左（和服 & 腰带）

京都一加：57 右（和服 & 腰带），147（和服）

银座庵（iori）：27、75、161（和服 & 腰带）

银座伊势由本店：7 右、13 右、15 右、43、99 右、107 右、117 右、149 左、179（和服 & 腰带）

银座伊势由：45、118 图 1（和服 & 腰带）

银座三越：157 左（和服），159 右（和服 & 腰带）

银座村田：69 右、73 右、133、159 左、177 右（和服 & 腰带）

银座元治：23 右、71 左、83 右、85 右、89、121 左、151 左（和服 & 腰带），71 右（和服）

黑田商店：33 图 3（草履）

吴服铃木：55 左（和服），113 左、129 左（和服 & 腰带），11 图 1/ 图 2（长襦袢）

吴服志田：9、15 左、17 右、101、103 左、107 左、145 左（和服 & 腰带）

紫纮：13 左、17 左、147（腰带）

志摩龟：29、47、151 右（和服 & 腰带）

丝爱·中野山田屋：25 左、59 右、69 左、105 右（和服 & 腰带）

新宿高岛屋 11 层 吴服沙龙：175 左（和服 & 腰带）

SUZUKI 古着屋银座店：123 右（和服 & 腰带）

总屋：83 左（和服），175 右（和服 & 腰带）

竺仙：61 右、63 右、81、85 左、113 右、114、117 左、118 图 2/ 图 3/ 图 4、149 右（和服 & 腰带），63 左、163 左（和服）

千总：7 左、13 左（和服）

日本桥高岛屋 7 层 吴服沙龙：48、91、157 右、163 右（和服 & 腰带）

日本桥三越本店：61 左（和服 & 腰带）

花邑 目白店：71 右（腰带）

宫脇卖扇庵 东京店：93 图 1（扇子）

乐艸：33 图 1（草履）

LUNCO：41 左、171、172（和服 & 腰带）

* 带衬与带缔为各协助摄影店铺提供，或作者私人物品。

HARA YUMIKO NO KIMONO KOYOMI

By YUMIKO HARA

Copyright © 2015 YUMIKO HARA

Original Japanese edition published by CCC Media House Co.,Ltd.

Chinese(in simplified character only) translation rights arranged with

CCC Media House Co.,Ltd. through Bardon-Chinese Media Agency,Taipei.

图书在版编目（CIP）数据

　　和服岁时记 ／（日）原由美子著；吕灵芝译.－－重庆：重庆大学出版社，2018.12
　　ISBN 978-7-5689-0968-6

　　Ⅰ.①和… Ⅱ.①原… ②吕… Ⅲ.①民族服饰－服饰文化－日本 Ⅳ.①TS941.743.13

　　中国版本图书馆CIP数据核字（2017）第331148号

　　版贸核渝字（2017）第223号

和服岁时记

HEFU SUISHIJI

[日] 原由美子　著

吕灵芝　译　John Chan　横浪修　摄影

策　　划：重报图书

责任编辑：安晓利

责任校对：张红梅

书籍设计：何海林

责任印制：邱　瑶

重庆大学出版社出版发行

出版人　易树平

社址　（401331）重庆市沙坪坝区大学城西路21号

电话　（023）88617190 88617185（中小学）

网址　http://www.cqup.com.cn

全国新华书店经销

重庆共创印务有限公司印刷

开本：787mm×1092mm　1/16　印张：13　字数：145千

2019年1月第1版　2019年1月第1次印刷

ISBN 978-7-5689-0968-6　定价：68.00元

OCTOBER

十
月
/ 神无月

周日	周一	周二	周三	周四	周五	周六
SUN	MON	TUE	WED	THU	FRI	SAT
		1 国庆节	**2** 初四	**3** 初五	**4** 初六	**5** 初七
6 初八	**7** 重阳节	**8** 寒露	**9** 十一	**10** 十二	**11** 十三	**12** 十四
13 十五	**14** 十六	**15** 十七	**16** 十八	**17** 十九	**18** 二十	**19** 廿一
20 廿二	**21** 廿三	**22** 廿四	**23** 廿五	**24** 霜降	**25** 廿七	**26** 廿八
27 廿九	**28** 十月小	**29** 初二	**30** 初三	**31** 初四		

SEPTEMBER

九月 / 长月

周日	周一	周二	周三	周四	周五	周六
SUN	MON	TUE	WED	THU	FRI	SAT
1 初三	2 初四	3 初五	4 初六	5 初七	6 初八	7 初九
8 白露	9 十一	10 教师节	11 十三	12 十四	13 中秋节	14 十六
15 十七	16 十八	17 十九	18 二十	19 廿一	20 廿二	21 廿三
22 廿四	23 秋分	24 廿六	25 廿七	26 廿八	27 廿九	28 三十
29 九月小	30 初二					

五
月

／ 皋
月

周日 SUN	周一 MON	周二 TUE	周三 WED	周四 THU	周五 FRI	周六 SAT
			1 劳动节	**2** 廿八	**3** 廿九	**4** 青年节
5 四月小	**6** 立夏	**7** 初三	**8** 初四	**9** 初五	**10** 初六	**11** 初七
12 母亲节	**13** 初九	**14** 初十	**15** 十一	**16** 十二	**17** 十三	**18** 十四
19 十五	**20** 十六	**21** 小满	**22** 十八	**23** 十九	**24** 二十	**25** 廿一
26 廿二	**27** 廿三	**28** 廿四	**29** 廿五	**30** 廿六	**31** 廿七	

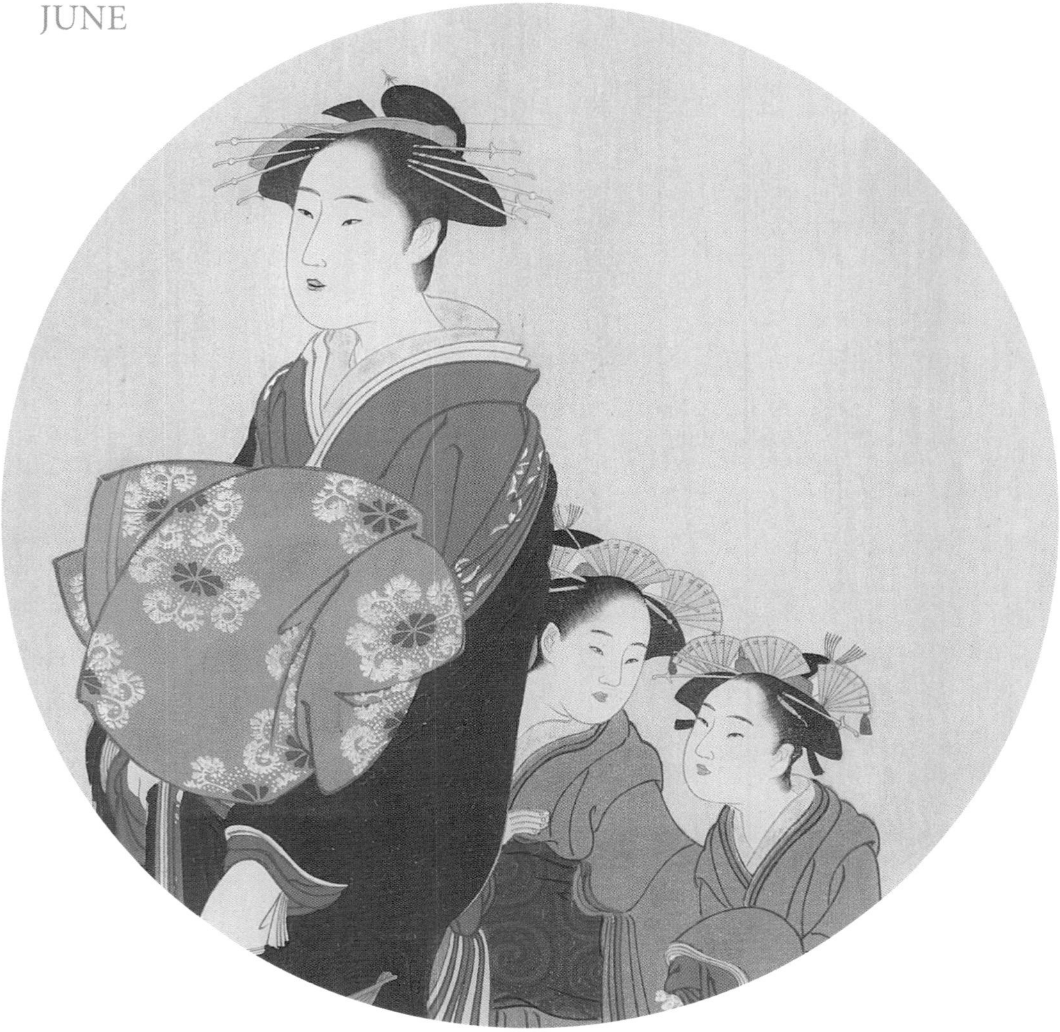

六月 / 水无月

周日 SUN	周一 MON	周二 TUE	周三 WED	周四 THU	周五 FRI	周六 SAT
						1 儿童节
2 廿九	**3** 五月大	**4** 初二	**5** 环境日	**6** 芒种	**7** 端午节	**8** 初六
9 初七	**10** 初八	**11** 初九	**12** 初十	**13** 十一	**14** 十二	**15** 十三
16 父亲节	**17** 十五	**18** 十六	**19** 十七	**20** 十八	**21** 夏至	**22** 二十
23 廿一 / **30** 廿八	**24** 廿二	**25** 廿三	**26** 廿四	**27** 廿五	**28** 廿六	**29** 廿七

二
月
/
如
月

周日 SUN	周一 MON	周二 TUE	周三 WED	周四 THU	周五 FRI	周六 SAT
					1 廿七	**2** 廿八
3 廿九	**4** 除夕	**5** 春节	**6** 初二	**7** 初三	**8** 初四	**9** 初五
10 初六	**11** 初七	**12** 初八	**13** 初九	**14** 情人节	**15** 十一	**16** 十二
17 十三	**18** 十四	**19** 元宵节	**20** 十六	**21** 十七	**22** 十八	**23** 十九
24 二十	**25** 廿一	**26** 廿二	**27** 廿三	**28** 廿四		

JANUARY

一月
睦月

周日 SUN	周一 MON	周二 TUE	周三 WED	周四 THU	周五 FRI	周六 SAT
		1 元旦	**2** 廿七	**3** 廿八	**4** 廿九	**5** 小寒
6 腊月大	**7** 初二	**8** 初三	**9** 初四	**10** 初五	**11** 初六	**12** 初七
13 腊八节	**14** 初九	**15** 初十	**16** 十一	**17** 十二	**18** 十三	**19** 十四
20 大寒	**21** 十六	**22** 十七	**23** 十八	**24** 十九	**25** 二十	**26** 廿一
27 廿二	**28** 小年	**29** 廿四	**30** 廿五	**31** 廿六		

MARCH

三
月
/
弥
生

周日 SUN	周一 MON	周二 TUE	周三 WED	周四 THU	周五 FRI	周六 SAT
					1 廿五	**2** 廿六
3 廿七	**4** 廿八	**5** 廿九	**6** 惊蛰	**7** 二月小	**8** 妇女节	**9** 初三
10 初四	**11** 初五	**12** 植树节	**13** 初七	**14** 初八	**15** 消费者权益日	**16** 初十
17 十一	**18** 十二	**19** 十三	**20** 十四	**21** 春分	**22** 十六	**23** 十七
24 十八 / **31** 廿五	**25** 十九	**26** 二十	**27** 廿一	**28** 廿二	**29** 廿三	**30** 廿四

APRIL

四
月
/
卯
月

周日 SUN	周一 MON	周二 TUE	周三 WED	周四 THU	周五 FRI	周六 SAT
	1 廿六	2 廿七	3 廿八	4 廿九	5 清明	6 初二
7 初三	8 初四	9 初五	10 初六	11 初七	12 初八	13 初九
14 初十	15 十一	16 十二	17 十三	18 十四	19 十五	20 谷雨
21 十七	22 地球日	23 十九	24 二十	25 廿一	26 廿二	27 廿三
28 廿四	29 廿五	30 廿六				

AUGUST

八月 / 叶 月

周日 SUN	周一 MON	周二 TUE	周三 WED	周四 THU	周五 FRI	周六 SAT
				1 建军节	**2** 初二	**3** 初三
4 初四	**5** 初五	**6** 初六	**7** 七夕节	**8** 立秋	**9** 初九	**10** 初十
11 十一	**12** 十二	**13** 十三	**14** 十四	**15** 中元节	**16** 十六	**17** 十七
18 十八	**19** 十九	**20** 二十	**21** 廿一	**22** 廿二	**23** 处暑	**24** 廿四
25 廿五	**26** 廿六	**27** 廿七	**28** 廿八	**29** 廿九	**30** 八月大	**31** 初二

七月 / 文月

周日 SUN	周一 MON	周二 TUE	周三 WED	周四 THU	周五 FRI	周六 SAT
	1 建党节	**2** 三十	**3** 六月小	**4** 初二	**5** 初三	**6** 初四
7 小暑	**8** 初六	**9** 初七	**10** 初八	**11** 初九	**12** 初十	**13** 十一
14 十二	**15** 十三	**16** 十四	**17** 十五	**18** 十六	**19** 十七	**20** 十八
21 十九	**22** 二十	**23** 大暑	**24** 廿二	**25** 廿三	**26** 廿四	**27** 廿五
28 廿六	**29** 廿七	**30** 廿八	**31** 廿九			

NOVEMBER

十一月／霜月

周日 SUN	周一 MON	周二 TUE	周三 WED	周四 THU	周五 FRI	周六 SAT
					1 万圣节	**2** 初六
3 初七	**4** 初八	**5** 初九	**6** 初十	**7** 十一	**8** 立冬	**9** 十三
10 十四	**11** 下元节	**12** 十六	**13** 十七	**14** 十八	**15** 十九	**16** 二十
17 廿一	**18** 廿二	**19** 廿三	**20** 廿四	**21** 廿五	**22** 小雪	**23** 廿七
24 廿八	**25** 廿九	**26** 冬月大	**27** 初二	**28** 感恩节	**29** 初四	**30** 初五

DECEMBER

十二月 / 师走

周日 SUN	周一 MON	周二 TUE	周三 WED	周四 THU	周五 FRI	周六 SAT
1 艾滋日	**2** 初七	**3** 初八	**4** 初九	**5** 初十	**6** 十一	**7** 大雪
8 十三	**9** 十四	**10** 十五	**11** 十六	**12** 十七	**13** 十八	**14** 十九
15 二十	**16** 廿一	**17** 廿二	**18** 廿三	**19** 廿四	**20** 廿五	**21** 廿六
22 冬至	**23** 廿八	**24** 平安夜	**25** 圣诞节	**26** 腊月大	**27** 初二	**28** 初三
29 初四	**30** 初五	**31** 初六				